KIDS 디스플레이 교재 시리즈

증강현실과 가상현실의

디스플레이 기초

Introduction to Augmented Reality
and Virtual Reality Displays

도움주신 분

故 이병호 교수님 (서울대학교)
김 휘 교수님 (고려대학교)
조영진 (서울대학교 박사과정)
유동현 (서울대학교 박사과정)
정진수 (서울대학교 박사과정)
이주현 (서울대학교 박사과정)
유찬형 (서울대학교 박사과정)
채민석 (서울대학교 박사과정)
방기승 (서울대학교 박사과정)
이병효 (서울대학교 박사과정)
이승재 (서울대학교 박사과정)
김동연 (서울대학교 박사과정)
이덕호 (서울대학교 박사과정)
남승우 (서울대학교 박사과정)
한웅섭 (서울대학교 박사과정)
한지윤 (서울대학교 박사과정)
사하르 (인하대학교 박사과정)
오영주 (인하대학교 학사과정)

증강현실과 가상현실의

디스플레이 기초

Introduction to Augmented Reality
and Virtual Reality Displays

인 쇄: 2024년 9월 19일 초판 1쇄
발 행: 2024년 9월 29일 초판 1쇄

저 자: 박재형
발행인: 송 준
발행처: 도서출판 홍릉
주 소: 01093 서울시 강북구 인수봉로 50길 10
등 록: 1976년 10월 21일 제5-66호

전 화: 02-999-2274~5, 903-7037
팩 스: 02-905-6729
e-mail: hongpub@hongpub.co.kr
http://www.hongpub.co.kr
ISBN: 979-11-5600-228-4(93560)

정 가: 17,000원

Introduction to Augmented Reality and Virtual Reality Displays

KIDS 디스플레이 교재 시리즈

증강현실과 가상현실의 디스플레이 기초

박재형 저

KIDS
The Korean Information Display Society
한국정보디스플레이학회

도서출판 홍릉

머리말

우리는 아침부터 저녁까지 일과시간의 대부분을 디스플레이와 함께 하고 있다. 아침에 일어나 제일 먼저 찾는 것이 스마트폰 화면이고, 직장과 학교에서는 컴퓨터 모니터와 태블릿, 대형 디스플레이 화면을 보며 일과 공부를 하며, 다시 집으로 돌아와서는 TV와 스마트폰으로 방송과 OTT 컨텐츠를 즐긴다. 집과 학교, 그리고 약속장소를 오가는 모든 이동 시간에는 스마트폰에서 눈이 떠나지 않으며 길거리의 대형 광고판들도 정적인 인쇄물에서 벗어나 동적인 디스플레이로 바뀐 지 오래다.

우리가 이렇게 일상 생활의 매 순간순간마다 디스플레이와 함께 하게 된 것은 그리 오래 되지 않았다. 1900년대 후반 유일한 디스플레이는 브라운관 TV라고도 불렸던 CRT (Cathode Ray Tube)였다. 집집마다 방송 TV를 볼 수 있게 해 주는 고마운 기기였으나, 크고 뚱뚱한 모양 탓에 들고 다닐 수는 없었고 집의 여러 가구 중의 하나로 거실이나 안방에 모셔두는 가전기기였다. 본격적으로 이동성을 갖춘 디스플레이가 가능해진 것은 2000년대 LCD (Liquid Crystal Display)와 같은 평판 디스플레이 기술이 개발된 이후이다. LCD등 평판 디스플레이들은 얇은 두께로 만들어질 수 있어 기존 CRT보다 훨씬 작은 부피와 무게로 화면을 표시할 있었다. 평판 디스플레이는 TV를 넘어 노트북, 휴대폰, MP3등 휴대할 수 있는 다양한 전자 기기에 적용되었고, 2024년 현재 OLED (Organic Light Emitting Diode), QD (Quantum Dot), mini-LED (Light Emitting Diode) 등 다양한 평판 디스플레이들이 스마트폰, TV, 모니터 뿐 만 아니라 지하철 역사의 벽과 기둥, 백화점 매장 유리, 빌딩 외벽의 초대형 광고판 등을 모두 화면으로 채우고 있다.

두껍고 무거운 CRT에서 얇고 가벼운 평판으로 발전한 디스플레이 기술의 다음 세대는 무엇일까? 아마도 바로 다음 세대 디스플레이는 얇은 형태를 유지하며 보다 자유로운 형상으로 변형 가능한 디스플레이일 것이다. 현재의 네모 반듯한 모양을 벗어나 자유로운 형상을 가질 수 있는 Freeform 디스플레이, 자유롭게 접고 구부리고 돌돌 말 수 있는 플렉서블 디스플레이, 디스플레이 화면이 고무처럼 늘어나는 스트레처블 디스플레이 등이 그것이다. 이러한 직후 세대를 넘어서는 차세대로서 주목받는 것이 바로 본 책의 주제인 가상현실, 증강현실 디스플레이이다.

가상현실, 증강현실 디스플레이는 여러 가지 면에서 기존의 디스플레이와는 다른 특징을 가진다. 디스플레이 화면을 직접 보는 것이 아니라, 광학계가 형성한 화면의 상(image)을 본다는 점, 그에 따라 디스플레이 화면의 물리적 위치와 눈이 보는 최종 영상 위치가 다르다는 점, 디스플레이가 단순 영상 정보를 일방적으로 표시하는 것이 아니라 영상과 실사 객체, 그리고 사용자 간의 상호 작용이 매우 강조된다는 점, 이를 통해 단순 시각 정보 표시를 넘어 디지털 가상 세계 혹은 실재와 디지털이 혼합된 새로운 세계를 높은 임장감과 실재감으로 구현한다는 점등이 그들이다. 그러나 이러한 특징들 중 가장 중요한 특징은 가상현실, 증강현실 디스플레이가 최초의 본격적인 착용형 디스플레이라는 점이다. 이상적인 가상현실, 증강현실 디스플레이는 안경이나 선글라스와 같은 형태로 만들어져, 우리가 일상생활에서 항상 착용하고 사용하게 된다. 집안에 모셔놓고 사용하였던 CRT에서, 얇고 가벼워 휴대할 수 있는 기기로 발전한 현재의 디스플레이를 넘어, 이제 미래의 디스플레이는 우리가 어디를 가든 무엇을 보든 내 눈에 즉각적으로 정보를 제공하는 똑똑한 안경으로 발전하는 것이다. 고정형 CRT에서 휴대형 평판 디스플레이로 넘어갈 때 우리가 경험한 일상 생활의 큰 변화를, 착용형 가상/증강 현실 디스플레이의 도래와 함께 다시 한번 크게 경험하게 될 것이다. 착용형 디스플레이가 일상화된 사회에서의 우리의 일상 생활이 어떤 모습이 될지 예상하기 어렵지만, 가상현실 / 증강현실 디스플레이가 제공하는 현실 세계 문맥에 맞는 정보 제공과 원격자간 연결성의 증대는 공상과학 영화에 나오는 다양한 미래 세계의 모습 상당수를 가능하게 할 것이다.

이 책은 이러한 가상현실, 증강현실 디스플레이의 기본적인 광학 원리를 다룬다. 가상현실, 증강현실 기기는 매우 복잡한 시스템이다. 작고 높은 해상도의 마이크로 디스플레이 패널, 영상을 만들어 주는 광학계, 광투과 구현을 위한 광결합기, 눈의 위치, 시선의 방향, 사용자의 제스처, 사용자 주위 물체들을 감지하고 추적하기 위한 다양한 카메라와 센서들, 타기기와의 연결을 위한 통신 기기, 그리고 이 모두를 총괄하기 위한 프로세서 등이 필요하다. 이 책에서는 이 중 광학 부분을 중점적으로 다룬다. 가상현실, 증강현실 디스플레이의 영상 형성 기본 광학 원리, 광투과 증강현실 디스플레이를 위한 광결합기 구조 및 원리를 주로 설명한다. 이 책이 다루는 광학은 가상현실, 증강현실 디스플레이 시스템의 작은 일부분이지만, 가상현실, 증강현실 디스플레이를 기존 평판 디스플레이와 구분짓고 착용형 구현을 가능하게 하는 가장 중요한 핵심 파트이기도 하다. 이 책을 통해 다른 디스플레이와 차별화되는 가상현실, 증강현실 디스플레이만의 특징을 많은 사람들이 이해할 수 있게 되기를 기대한다.

이 책은 한국정보디스플레이학회(The Korean Information Display Society, KIDS)의 후원으로 제작되었다. 학회의 의뢰로 집필이 시작되었고, 고 이병호 서울대학교 교수님과 그 대학원생들, 김 휘 고려대학교 교수님의 도움을 크게 받아 원고가 작성되었다. 애초 학회의 의뢰를 받고 집필이 시작되었던 것은 2020년이었으나 2024년인 이제서야 출간이 된 것은 오로지 본 필자의 게으름과 무능력

탓이다. 빠르게 발전하는 가상현실, 증강현실 기술을 고려할 때, 이러한 출간 시점 지연은 본 책에 쓰여진 내용의 일부를 현 시점에서 적용되기 어렵게 하거나 너무 오래된 정보가 될 수도 있게 한다. 그럼에도 불구하고 본 책의 내용 대부분이 최신 기술 발전에 상대적으로 덜 민감한 기본 원리에 대한 것이므로, 가상현실, 증강현실 디스플레이의 이해에 도움을 줄 수 있을 것이라 믿고 용기를 내어 이 책의 출간을 진행하였다. 아무쪼록 이 책이 가상현실, 증강현실에 관심있는 독자들에게 도움이 되기를 기원하며, 인내심을 가지고 본 책의 출간을 지원해 준 한국정보디스플레이학회에 큰 감사를 드린다.

CONTENTS
차례

차례

CONTENTS
차례

CHAPTER

1 AR/VR Introduction

우리는 매일 빠르게 발전하는 기술이 우리의 삶을 어떻게 바꿀지 듣는다. 최근 주목받고 있는 가상현실(Virtual reality, VR), 증강현실(Augmented realty, AR), 혼합 현실 (Mixed reality, MR)은 많은 정보를 사용자에게 보다 편리하고 이해하기 쉬우며 몰입감 있게 제공함으로써 메타버스 등 새로운 응용 분야를 창출하고 있다. 2013년 구글 글라스가 처음 발표된 이래로 수많은 기술 기업들이 AR/VR/MR을 위한 안경 형태의 디스플레이 (Head-mounted display, HMD)를 개발하기 위해 연구개발을 진행하고 있다. 오늘날 이러한 HMD들의 초기 제품들을 구매할 수 있으나, 아직 실생활에서 이들을 착용하는 사용자는 드물다. AR/VR/MR 기술이 일상 생활에 아직 광범위하게 적용되지 않는 데는 그 필수 디바이스인 HMD의 발전이 아직 부족한 데에서 그 이유를 찾을 수 있다. 현재 대부분의 HMD는 무겁고 크며 고글과 같은 형태를 띄고 있어 일상생활에서 용인될 수 있는 시력 보정 안경과 같은 형태와는 거리가 있다. 영상의 해상도와 화각도 아직 충분히 크지 못하며 단순한 stereoscopic 기반의 입체 영상 표시 방식을 사용하여 영상과 사용자, 영상과 실제 물체와의 상호작용을 부자연스럽게 하고 오래 착용할 경우 피로감과 멀미를 일으키기도 한다. AR/VR/MR을 위한 이상적인 HMD는 시력 보정 안경과 유사하게 얇고 가벼운 형태와 무게를 지니고, 넓은 시야 범위에서 높은 해상도로 자연스러운 입체 영상을 표시하는 것이다. 이러한 HMD를 구현하기 위하여 현재 연구 개발되고 있는 다양한 HMD 기술들의 기본 원리와 장/단점 및 특징을 이해하는 것이 중요하다. 이 책에서는 AR/VR/MR을 위한 HMD의 기본 원리와 최근의 기술 발전 방향을 소개한다.

1.1 AR/VR/MR

전통적으로 AR과 VR은 사용자 주변의 현실 세계와 디스플레이 디바이스가 표시한 디지털 영상의 혼합 비율로 구분된다. 사용자가 보고 있는 실제 물체들과 이들로 이루어진 세상을 현실(Reality)이라고 표현하자. VR은 디스플레이 디바이스가 사용자의 시야를 완전히 막아 현실을 보지 못하게 하고, 디스플레이가 표시한 디지털 영상들만 보도록 하는 것을 말한다. VR에서 사용자는 디스플레이 디바이스가 표현한 가상 세계와 그 안의 디지털 영상 객체들만을 보며, 많은 경우 가상 세계와 사용자 간의 상호 작용이 활발히 일어난다. VR HMD는 사용자의 머리와 시선 움직임을 추적하여 사용자의 머리 각도와 시선 방향에 따라 가상 세계의 해당 부분을 표시하며, 사용자의 손을 인지하는 센서나 기타 입력 인터페이스를 통해 가상 세계의 객체를 조작하고 움직일 수 있도록 한다.

AR은 사용자 주변의 현실 세계 위에 디스플레이 디바이스가 표시하는 디지털 영상을 덧입혀 표시한다. 디스플레이 디바이스는 현실 세계로부터 오는 빛을 막지 않고 사용자의 눈까지 그대로 투과시키거나, 혹은 이를 외부 카메라로 촬영하고 디스플레이에 표시하여 사용자에게 전달한다. 동시에 디스플레이는 가상의 디지털 영상도 표시하여 사용자가 현실 세계와 디지털 영상 객체들을 동시에 볼 수 있도록 한다. 많은 경우 사용자의 시야의 대부분에는 현실 세계가 그대로 보이며, 디스플레이가 표시하는 디지털 영상은 그 일부로서 현실 세계를 보조하고 증강하여 현실 세계에는 없는 추가적인 정보를 제공하는 역할을 한다. MR은 전통적으로 완전한 현실세계를 제외하고, 디지털 객체와 현실 세계가 혼합된 경우를 의미한다. 그림 1-1은 이와 같은 구분법에 의한 AR/VR/MR을 표현하며, 그림 1-2는 AR/VR을 가능하게 하는 광학계의 기본적인 구성을 보여준다.

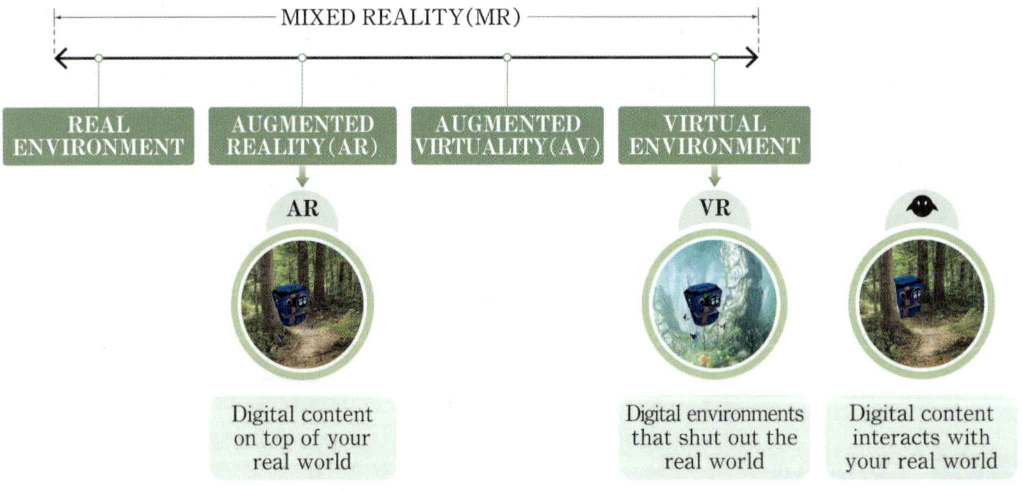

▲ **그림 1-1.** 현실/가상 정보의 비율에 따른 VR와 AR

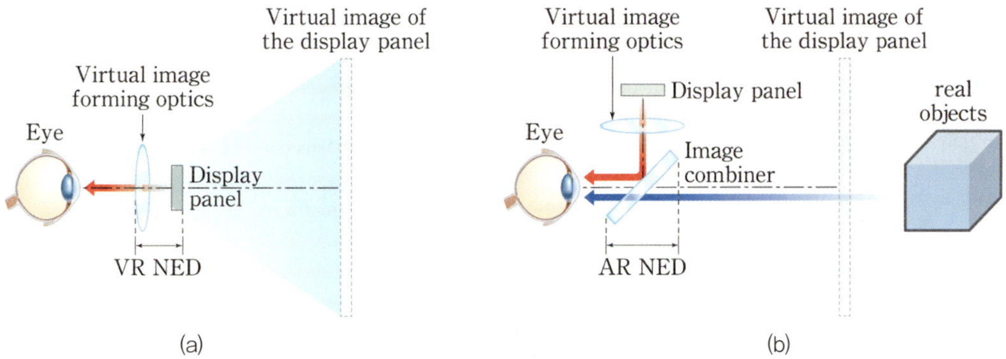

▲ **그림 1-2.** (a)VR와 (b)AR 디스플레이의 광학계

최근에는 이러한 전통적인 구분법에서 벗어나, AR/VR/MR을 현실 정보와 가상 정보, 그리고 이들 간의 상호 작용으로 구분하는 예가 늘어나고 있다. 그림 1-3은 이러한 구분법을 보여준다. 사용자가 실제 물체들로 구성된 현실 정보만을 보고 이들과 상호작용을 하는 것을 현실 세계(Reality)라고 한다면, 사용자가 디지털 영상들로 구성된 가상 정보만을 보고 이들 디지털 영상들과 상호작용을 하는 것을 가상 세계, VR 이라고 칭할 수 있다. 증강현실, AR은 현실 정보와 가상 정보의 교차 지점을 차지한다. 즉, AR에서 사용자는 사용자 주변의 실제 물체들과 디스플레이가 표시한 가상 디지털 영상을 함께 본다. 다만, 표시된 디지털 영상과 사용자간의 상호 작용은 크지 않으며, 디지털 영상은 사용자에게 현실 세계에 없는 부가적인 정보를 전달하는 역할에 그친다. 마지막으로 MR은 현실 정보, 가상 정보, 상호 작용이 모두 교차하는 지점에 위치한다. MR에서 사용자는 실제 물체들과 디지털 영상을 함께 관측하며, 동시에 이들과 적극적인 상호 작용을 한다. 표시되는 디지털 영상은 단순한 정보 전달에 그치지 않고 실제 물체들과 융합되어 하나의 혼합된 현실을 표현한다. 실제 물체 뿐만 아니라 디지털 영상 객체들도 사용자의 시선 방향 및 위치에 맞추어 객체의 거리와 크기에 따른 올바른 움직임 시차를 표시하여 사용자가 실제로 혼합된 현실에 들어와 있는 경험을 하도록 한다. 사용자는 손이나 다양한 방법으로 실제 물체와 디지털 영상 객체들을 움직이고 조작할 수 있다. 따라서 최근 MR은 디지털 영상으로 표시된 가상 정보와 사용자의 상호 작용이 일반 AR보다 훨씬 강화된 개념으로 일컬어지고 있다. 그림 1-4는 이러한 구분법에 따른 AR/VR/MR의 예를 보여준다. 그림 1-4(a)의 VR에서는 사용자의 시야 전체에 디지털 영상만 표시되고 사용자는 표현된 가상 세계 내에서 각종 객체들과 적극적인 상호 작용을 한다. 그림 1-4(b)는 AR의 예로서 Google Glass를 보여준다. 작업자는 착용한 Google Glass를 통해 작업 대상인 실제 물체와 함께 작업 매뉴얼을 보고 있다. 디지털 영상으로 표

시된 매뉴얼은 현실 정보에 부가되어 작업자에게 유용한 정보를 전달하고 있으나, 표시된 디지털 영상과 사용자 및 실제 물체와의 상호작용은 크지 않다. 그림 1-4(c)의 MR 예에서는 실제 물체들인 수술실과 디지털 영상인 인체 모형이 함께 사용자에게 보여질 뿐 아니라, 디지털 영상이 실제 물체들에 정합 되어 표시되고 사용자는 이들과 적극적인 상호 작용을 함을 볼 수 있다.

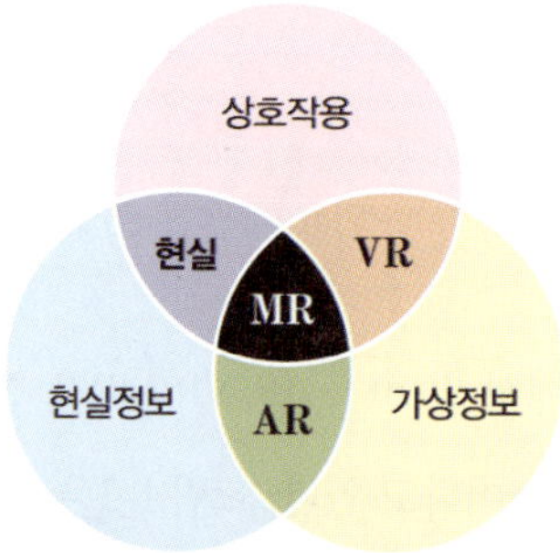

▲ **그림 1-3.** 현실/가상정보/상호작용에 기반한 AR/VR/MR 구분

(a)

출처 : https://www.youtube.com/watch?v=qYfNzhLXYGc

(b)

출처 : https://www.youtube.com/watch?v=5lK-zU51MU4

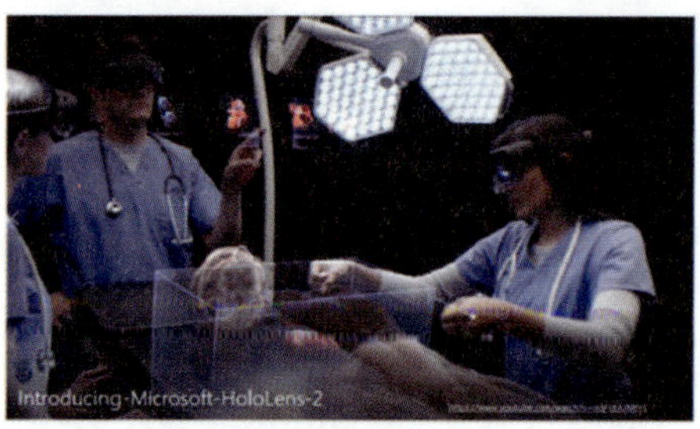

(c)

출처 : https://www.youtube.com/watch?v=eqFqtAJMtYE

▲ **그림 1-4.** (a)VR, (b)AR, (c)MR의 예

1.2 HMD, HWD, NED, HUD

AR/VR/MR을 구현하는 대표적인 디스플레이 디바이스는 사용자가 머리에 안경처럼 착용하고 사용하는 wearable 기기이다. 이들을 일컫는 용어는 Head-Mounted-Display(HMD), Head-Worn-Display(HWD), Near-Eye-Display(NED)등이 있다.

HMD는 Head-Mounted-Display 혹은 Helmet-Mounted-Display의 약자로서 사용자의 두부에 장착하는 디스플레이라는 뜻을 가지고 있다. VR을 위한 디스플레이로 가장 초기에 발표되었던 Ivan Sutherland의 1968년 논문에서도 사용된 용어이며 일반적으로 가장 많이 사용되고 있다. HWD는 Head-Worn-Display의 약자이며 역시 머리에 쓰는 디스플레이라는 뜻을 가지고 있다. HMD와 HWD는 다른 철자이지만 같은 디스플레이를 지칭하는 전통적인 용어이다. 최근에는 HMD, HWD 대신 NED도 많이 사용되고 있다. NED는 Near-Eye-Display 혹은 Near-to-Eye-Display의 약자로서 우리말로는 근안 디스플레이라고 표현되기도 한다. 디스플레이 스크린이 사용자로부터 수십 cm 이상의 거리에 위치하는 TV, Monitor, Mobile display등과는 달리 AR/VR/MR에서는 디스플레이가 사용자의 눈으로부터 수 cm 이내의 가까운 거리에 위치하게 된다는 점을 강조한 용어이다. HMD, HWD가 그 용어상 안경과 같이 간편하고 작으며 가벼운 디바이스보다는 머리에 헬멧과 같은 형태로 장착하는 기계 장치와 같은 느낌을 주기도 하므로, 최근에는 보다 중립적인 표현인 NED를 HMD, HWD 대신 많이 사용하고 있는 추세이다.

HMD / HWD / NED와는 별개로 HUD라는 용어도 많이 활용된다. HUD는 Head-Up-Display의 약자로서 디스플레이 패널에 표시된 영상을 사용자 전면의 반투명 거울에 반사 시켜 보게 하는 디스플레이를 뜻한다. 자동차에서 앞유리(Windshield)를 통하여 네비게이션 등 운전 정보를 제공하는 디스플레이, 전투기 등에서 cockpit을 통해 운항 정보를 보게 하는 디스플레이 등이 이에 해당한다. 그림 1-5는 HMD / HWD / NED와 HUD의 예를 보여준다. 이 책에서는 HMD / HWD / NED를 위주로 여러 광학 원리들을 설명하지만, 대부분의 설명은 HUD에도 공통적으로 적용될 수 있다.

(a) (b)

▲ **그림 1-5.** (a) HMD/HWD/NED, (b) HUD

1.3 AR/MR: Optical-See-Through, Video-See-Through

전술한 바와 같이 AR 및 MR에서는 사용자가 디스플레이에 의해 표시된 디지털 영상과 함께 사용자 주위의 현실 세계도 같이 보아야 한다. 이 때, 사용자 주위의 현실 세계를 사용자의 눈에 전달하는 방식에 따라 Optical-See-Through 방식과 Video-See-Through 방식으로 구분된다.

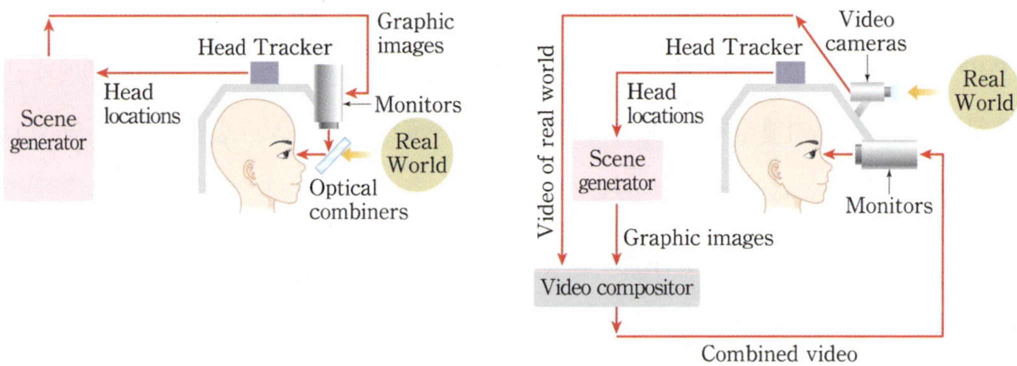

(a) (b)

▲ **그림 1-6.** AR/MR의 현실 정보 제공 방식 (a) Optical-See-Through, (b) Video-See-Through

Optical-See-Through 방식에서는 그림 1-6(a)에서 보는 바와 같이 사용자의 눈 앞에 반투명한 거울이 위치한다. 디스플레이 패널은 사용자의 시야를 가리지 않도록 사용자의 이마나 귀 쪽에 위치하며, 디스플레이 패널에 표시된 영상은 사용자 눈 앞의 반투명 거울에 반사되어 사용자의 눈으로 전달된다. 동시에 사용자 전방의 실제 물체로부터의 빛은 반투명 거울을 그대로 투과하여 사용자의 눈으로 전달된다. 이때, 사용자 눈 앞의 반투명 거울은 디스플레이 표시 영상과 실제 물체를 더해주는 역할을 하게 되므로 Optical Combiner로 불린다. Optical Combiner의 구체적인 설계와 구조는 Optical-See-Through 타입의 AR/MR HMD의 성능을 결정짓는 주요한 요소이다.

Video-See-Through 방식에서는 그림 1-6(b)와 같이 Optical Combiner 없이 사용자의 눈 앞에 디스플레이 패널이 위치하여 현실 세계를 보는 시야를 막는다. 대신 비디오 카메라가 사용자 전방을 촬영하고 촬영된 현실 세계가 실시간으로 디스플레이 패널에 표시되어 사용자의 눈으로 전달된다. 이 과정에서 가상 정보를 표시하는 디지털 영상이 촬영된 현실 세계 영상에 영상 처리를 통해 중첩되어 사용자에게 현실 정보와 가상 정보를 동시에 표현하게 된다. 따라서 Video-See-Through 방식에서 디스플레이 하드웨어는 일반적인 VR과 기본적으로 동일하며, 단지 외부 비디오 카메라를 통해 촬영된 영상을 포함하여 디스플레이가 표시해 준다는 점에서만 차이를 갖는다.

Optical-See-Through 방식과 Video-See-Through 방식은 현실 정보를 전달하는 방법의 차이로 인하여 몇 가지 장단점을 지닌다.

❶ 현실 정보의 화각, 지연 시간, 해상도, 색과 기하 왜곡, 깊이

Optical-See-Through 방식은 실제 물체로부터의 빛이 디지털 획득 / 처리 / 디스플레이라는 과정 없이 직접적으로 사용자의 눈에 전달된다. 따라서 디지털 획득 / 처리 / 디스플레이 과정에서 야기될 수 있는 여러 가지 제한으로부터 자유롭다. 사용자는 반투명한 거울을 통하여 사용자 전방을 직접 바라보게 되므로, AR/MR 기기를 착용하지 않았을 때와 같은 동일한 화각으로 현실 세계를 지연시간 없이 볼 수 있다. 또, 일반적으로 관측되는 실제 물체들의 색과 형태에도 왜곡이 없으며, 일상 생활과 같이 현실 세계를 3차원으로 바라보고 인지할 수 있다.

그러나 Video-See-Through 방식에서는 현실 정보를 일단 비디오 카메라로 촬영하고 이를 다시 디스플레이를 통하여 표시하므로 다양한 제약이 발생한다. 먼저 현실 정보의 화각이 카메라, 디스플레이 광학계의 화각에 의하여 제한된다. 디스플레이 광학계의 화각은 주요한 성능 지표 중 하나이다. VR에서 디스플레이의 화각을 사람의 눈의 화각인 180도에 근접시키려는 연구 개발이 활발히 진행되고 있으나, 아직 이에는 못 미치고 있다. 따라서 Video-See-Through에서 표현되는 현실 세계는 사람이 나안으로 관측하는 현실 세계에 비하여 좁은 영역이며 이는 큰 제약으로 작용할 수 있다. 또, 현실 세계에 대한 해상도가 Optical-See-Through와는 달리 디스플레이 패널의 해상도로 제한되며, 특히 화각이 넓은 경우에 디스플레이에서 표시할 수 있는 해상도의 한계로 인하여 정보량 손실이 발생하는 문제가 있다. 이외에도 카메라 촬영과 디스플레이를 거치며 실제 물체들의 색과 형태에 왜곡이 생길 수 있다. 무엇보다 현실 세계는 3차원 공간이어서 사용자의 각 눈은 현실 세계를 3차원으로 바라보아야 하는데, Video-See-Through에서는 각 눈에 디스플레이가 표시하는 영상이 2차원 이므로 현실 세계를 직접 바라보는 것과 많은 괴리를 낳을 수 있다. 또, 현실 세계를 표시하는 시연 시간도 문제가 될 수 있다. 현실 세계를 별도의 처리 없이 직접 관측하므로 지연시간이 없는 Optical-See-Through와는 달리 Video-See-Through에서는 현실 세계의 촬영-처리-디스플레이에 일정 시간이 소요되게 되며 이는 사용자가 현실 세계를 일정 지연 시간 후 보게 된다는 것을 뜻한다. 위와 같은 Video-See-Through의 단점들은 사용자가 현실 세계에서 움직일 경우 안전상의 문제도 일으킬 수 있다. 따라서 Video-See-Through 에서는 현실 정보를 넓은 화각과 높은 해상도, 짧은 지연시간으로 표시하는 것이 주요한 연구 개발 주제 중 하나이다.

❷ 사회적으로 용인 가능한 디자인, 다자간 소통

AR/MR의 궁극적인 응용은 사용자가 실내에서 혼자 사용하는 것을 벗어나 실외에서 일상적으로 착용한 상태에서 사회 생활을 하는 것을 목표로 한다. 이와 같은 측면에서 AR/MR을 위한 디스플레이 디바이스가 사회적으로 용인 가능한 디자인을 가지고 있으며, 다자간의 소통을 방해하지 않는 것이 매우 중요한다. 사회적 용인 가능성과 다자간 소통을 위하여 중요한 요소 중 하나는 사용자의 눈이 다른 사람들에게 보이는 것이다. 눈은 일상 생활 소통에서 중요한 역할을 담당하며, Video-See-Through의 형태로 전방 시야가 확보되더라도 상대방에게 내 눈이 가려진 상태로 사회 생활을 하는 것은 상상하기 어렵다.

Optical-See-Through 방식에서는 사용자의 눈 앞에 반투명한 거울만이 있으므로 상대방도 사용자의 눈을 제약없이 볼 수 있다. 그러나 Video-See-Through의 경우 사용자 눈 앞이 불투명한 디스플레이 디바이스에 의해 막히기 때문에 상대방은 사용자의 눈을 볼 수 없게 된다. 따라서 사회적으로 용인 가능하고 다자간 소통을 가능하게 하는 데는 Video-See-Through 방식 보다 Optical-See-Through 방식이 유리하다고 할 수 있다. 최근 Video-See-Through 방식에서는 이를 보완하기 위하여 디스플레이 디바이스의 외부면에 별도의 디스플레이를 장치하고 여기에 사용자의 눈을 촬영하여 표시함으로써 상대방에게도 사용자의 눈을 보여주는 방식도 연구되고 있다. [1]

③ 영상의 시인성과 밝기 (ambient contrast ratio, ACR)

Optical-See-Through 방식에서는 디스플레이가 표시하는 디지털 영상이 온전히 시인되기 위하여 그 밝기가 Optical Combiner를 통해 직접 전달되는 현실 세계 밝기와 비슷하거나 더 밝아야 한다. 실내에서 사용하거나 어두운 밤 시간에 실외에서 사용할 때는 큰 문제가 없을 수 있으나, 밝은 낮 시간에 실외에서 사용할 때는 이러한 조건을 만족시키는 것이 어려울 수 있다. 이는 환경 명암비 (ambient contrast ratio, ACR)와 같은 요소로 평가할 수 있으며 가상 영상과 투시 영상의 ACR이 3:1 정도인 경우, 영상 인식이 가능하며, 5:1 정도인 경우 적절한 가독성을 갖는다. 명확한 허상 영상의 시인성을 위해서는 10:1 이상의 ACR이 필요하다. 밝은 낮의 실외는 일반적으로 10K Lux 이상의 조도를 가지며, 이는 Lambertial 확산을 가정시 (1/π) 대략 3k nit의 휘도를 갖는 것으로 생각할 수 있으며 이를 이기고 디지털 영상의 시인성을 확보하기 위해서는 디스플레이되는 디지털 영상의 휘도 역시 30k nit이상이 되어야 한다. 이는 디스플레이 패널 자체의 휘도 한계와 Optical Combiner의 광효율을 감안할 때 만족시키기 쉽지 않은 조건이며 Optical-See-Through 타입의 AR/MR HMD의 실외 사용을 제약하는 요소로서 작용한다. [2]

반면, Video-See-Through 방식은 이러한 제약에서 자유롭다는 장점을 지닌다. 현실 세계를 비디오 카메라를 통해 촬영한 후 디스플레이 패널에 함께 표시하므로, 표시되는 현실 정보의 밝기는 함께 표현되는 디지털 영상의 밝기와 같으며 따라서 실외에서도 실내에서와 같이 높은 시인성으로 영상을 표현하는 것이 가능하다.

④ 디지털 영상과 실제 물체간의 가려짐 효과 구현

디지털 영상과 실제 물체 간의 정합 및 가려짐 효과 구현 역시 Optical-See-Through 방식 대비 Video-See-Through 방식이 갖는 장점 중 하나이다. 디스플레이가 표시하는 디지털 영상 객체와 현실 세계의 물체들이 하나로 정합되어 온전한 혼합 현실로 표현되기 위해서는 디지털 영상 객체와 현실 세계 물체 간의 상호 가려짐을 구현하는 것이 중요하다. 이러한 상호 가려짐에는 현실 세계 물체에 의한 디지털 영상의 가려짐과 디지털 영상에 의한 현실 세계 물체의 가려짐의 두 종류로 구분할 수 있다. 이 중, 첫 번째 경우, 현실 세계 물체에 의한 디지털 영상의 가려짐은 Optical-See-Through와 Video-See-Through 모두에서 구현 가능하다. 사용자 주변 환경에 대한 깊이 지도를 외부 센서를 이용하여 파악한 후, 정합하여 표시하고자 하는 디지털 영상 객체의 거리가 실제 물체 보다 먼 상황에서는 디스플레이 패널에서 디지털 영상 객체를 적절히 가려진 형태로 표시함으로써 구현될 수 있다. 그러나 두 번째 경우, 즉 디지털 영상에 의하여 현실 세계 물체가 가려지는 것은 Optical-See-Through 방식에서 구현하는 것이 쉽지 않다. Optical-See-Through 방식에서 Optical Combiner는 현실 세계로부터의 빛과 디스플레이 패널로부터의 빛을 단순히 더해 주는 역할만을 하므로, 표시하고자 하는 디지털 영상 객체에 따라 그 뒤에 있는 실제 물체를 가리는 것은 일반적인 경우 구현할 수 없다. 그러나 Video-See-Through의 경우 현실 세계를 촬영한 후 디지털 영상에 합성하여 디스플레이로 출력하므로, 측정된 현실 세계의 깊이 지도와 표시할 디지털 영상의 거리에 따라 적절히 현실 세계 물체를 영상 처리로 가린 후 디지털 영상을 표시하는 것이 용이하게 구현될 수 있다.

CHAPTER

2 AR/VR/MR HMD 기본 광학 구조 및 주요 규격

2.1 AR/VR/MR HMD 기본 광학 구조

AR/VR/MR을 위한 HMD의 구성 요소는 그림 2-1과 같다. VR의 경우, 사용자의 움직임을 감지하고 디지털 영상과의 상호 작용을 위한 센서, 영상 처리를 위한 프로세서, 디지털 영상 표시를 위한 마이크로 디스플레이 패널, 그리고 마이크로 디스플레이 패널 영상을 사용자가 편안하게 볼 수 있는 먼 거리로 옮기는 허상 광학계로 구성된다. AR과 MR의 경우는 이에 더하여 Optical Combiner가 사용되어 사용자 전방 현실 세계와 디지털 영상을 동시에 사용자에게 전달한다.

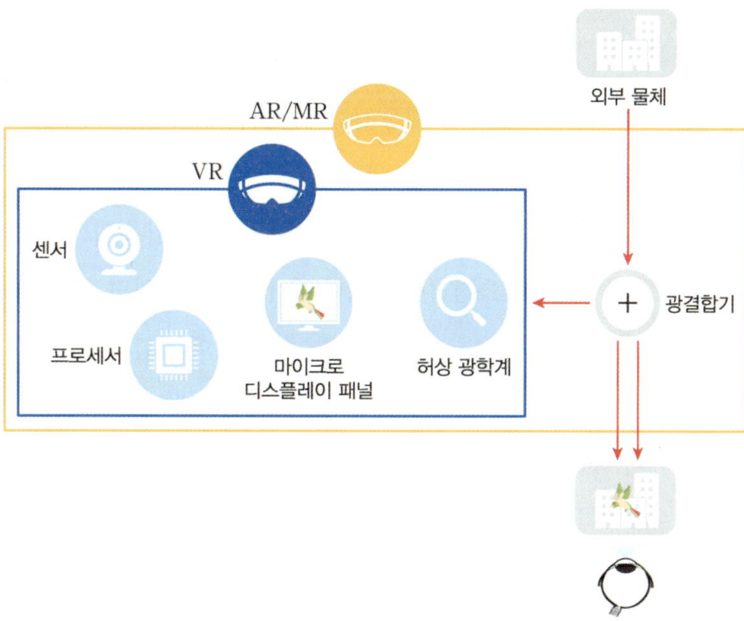

▲ 그림 2 1. AR/VR/MR HMD 구성요소

AR/VR/MR을 위한 HMD에 공통으로 들어가는 구성 요소 중 가장 중요한 광학 요소는 허상 광학계이다. 허상 광학계는 마이크로 디스플레이 패널의 허상을 사용자 전방의 먼 거리에 형성하는 역할을 한다. 사람의 눈은 바라보는 물체의 거리에 따라 수정체의 초점 거리를 조절한다. 가까운 물체를 볼 때는 수정체가 두꺼워지며 그 초점거리가 짧아지고, 멀리 있는 물체를 볼 때는 수정체가 얇아지며 그 초점거리가 길어진다. 이와 같은 무의식적 반사(reflex)를 통해 사람의 눈은 물체의 상이 눈의 망막면에 또렷이 맺히도록 한다. 그런데 이와 같이 조절할 수 있는 수정체의 두께에는 한계가 있어서 물체의 거리가 너무 가까워지면 수정체가 더 이상 두꺼워지지 못하며 물체의 상을 망막에 깨끗하게 형성하지 못한다. 따라서 물체가 눈에 너무 가까울 경우 사람은 그 물체를 또렷이 보지 못하며 그 거리 한계를 명시 거리라 한다. 명시 거리는 개인 및 나이에 따라 차이가 있으나 일반적으로 20cm 정도로 알려져 있다. 보통의 TV나 모니터의 경우 디스플레이 패널과 사용자 눈의 거리는 수십 cm 이상 수 m에 달하므로 사용자는 아무런 광학계의 도움 없이 디스플레이 패널에 표시된 영상을 깨끗하게 볼 수 있다. 그러나 AR/VR/MR용 HMD의 경우는 마이크로 디스플레이 패널과 눈 사이의 물리적 거리가 일반적인 사람 눈의 명시 거리 보다 훨씬 작은 수 cm 정도이다. 따라서 특별한 광학계 없이 단순히 마이크로 디스플레이 패널을 눈 앞에 위치시키면 사용자는 패널에 표시된 영상을 올바르게 볼 수 없고 흐릿한 영상만을 관측하게 된다. HMD에서는 마이크로 디스플레이 패널과 눈 사이에 허상 광학계를 넣어, 사용자의 눈이 가까이에 위치한 마이크로 디스플레이를 직접 보는 대신 명시 거리보다 먼 위치에 형성된 디스플레이의 허상을 관측하도록 한다.

그림 2-2는 허상 광학계의 개념을 보여준다. 허상 광학계는 기본적으로 볼록 렌즈와 볼록 렌즈의 초점거리 보다 짧은 거리에 위치한 마이크로 디스플레이로 구성된다. 볼록 렌즈는 디스플레이 패널의 각 픽셀에서 나와 퍼지는 광선들을 굴절시켜 사용자의 눈에 전달한다. 디스플레이 패널과 볼록 렌즈 사이의 거리(d_d)를 볼록렌즈의 초점거리(f)보다 약간 짧게 설정하면, 디스플레이 패널의 각 픽셀에서 방출된 광선들의 발산각이 볼록 렌즈에 의하여 평행광에 가깝게 줄어들며, 이렇게 굴절되어 눈으로 향하는 광선들을 역방향으로 연장하면 사용자로부터 먼 거리(d_i)의 한 점에 수렴한다. 이 점을 해당 디스플레이 픽셀의 허상(virtual image)라고 부르며, 광학적으로 그 허상의 위치에서 빛이 출발하는 것과 동일하기 때문에, 사용자의 눈은 실제 디스플레이 픽셀의 물리적 위치가 아닌 허상을 보게 된다. 이때, 디스플레이 픽셀과 볼록 렌즈 사이의 광축 방향 거리 d_d, 볼록 렌즈의 초점거리 f, 허상 픽셀과 볼록렌즈 사이의 광축 방향 거리 d_i는 아래와 같은 관계를 만족한다.

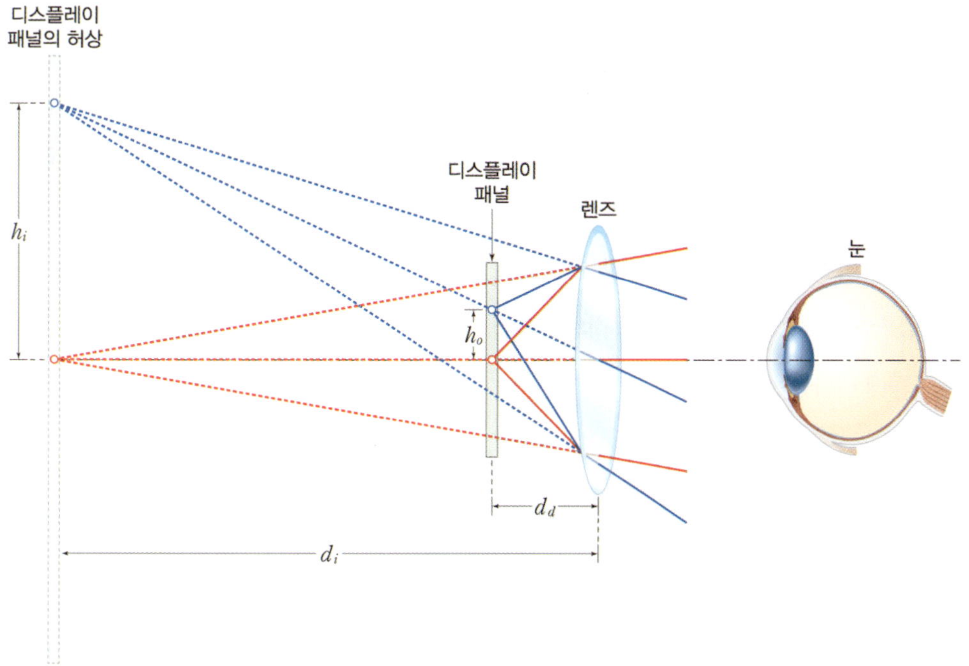

▲ **그림 2-2.** 허상 광학계 기본 원리

$$\frac{1}{d_d} - \frac{1}{d_i} = \frac{1}{f} \tag{2.1}$$

동시에 디스플레이 픽셀의 광축으로부터의 높이 h_o와 허상 픽셀의 광축으로부터의 높이 hi 사이에는 아래와 같은 관계가 있다.

$$h_i = \frac{d_i}{d_d} h_o \tag{2.2}$$

위의 설명은 디스플레이의 모든 픽셀들에 대해서 동일하게 적용되며, 따라서 관측자는 사용자의 눈으로부터 먼 d_i 거리에서 d_i/d_d배로 확대된 디스플레이 패널의 허상을 관측하게 된다. HMD에서 허상거리는 가상영상의 몰입감, 입체감, 시각 피로, 그리고 주로 표시되는 영상 콘텐츠 등을 고려하여 결정되는데, 대체로 1 m 이상의 거리를 가진다.

2.2 주요 규격

전통적으로 TV, Monitor, Mobile display 등에서는 디스플레이의 성능을 표시하기 위하여 크기, 해상도, 시야각, 휘도, 색표현력, 대조비, 주사율 등의 지표를 사용한다. AR/VR/MR을 위한 HMD도 역시 같은 지표들을 이용하여 그 성능을 표현할 수 있다. 그러나 광학계의 도움 없이 직접 디스플레이 화면을 관찰하고 디스플레이와 사용자 눈과의 거리와 각도가 특정될 수 없는 TV등과는 달리, HMD에서는 디스플레이 화면을 광학계를 통하여 관찰하고 디스플레이 패널과 눈과의 거리 및 각도가 고정되어 있으므로, 전통적으로 사용되는 지표 중 몇몇은 HMD에 보다 적절한 다른 지표로 표현되는 것이 바람직하다. 그림 2-3에서 보는 바와 같이, 일반 디스플레이의 크기 대신 사용되는 화각, 해상도 대신 사용되는 각해상도, 시야각 대신 사용되는 아이박스가 그 대표적인 예이다. 아래에서는 이들에 대하여 설명한다.

TV	HMD
• 크기	• 화각, Field of View(FoV)
• 해상도	• 각해상도, Angular resolution
• 시야각	• Eyebox
• 휘도	• 휘도
• 색표현력	• 색표현력
• 대조비	• 대조비
• 주사율	• 주사율
• . . .	• . . .

▲ **그림 2-3.** TV와 HMD의 규격 항목 비교

1 화각 (Field of View, FOV)

일반적인 디스플레이에서 화면의 크기, 즉 영상의 크기는 그림 2-4의 왼쪽과 같이 디스플레이 화면의 대각선 방향 길이로 표시된다. 미터 혹은 인치와 같은 길이를 측정하는 단위로 표현하며 60인치, 100인치 TV 등으로 표시한다.

같은 기준을 HMD에 적용한다면 허상 광학계에 의하여 형성되는 디스플레이 패널 가상 영상의 대각선 방향 길이를 측정해야 한다. 그러나 HMD의 경우 사용자가 관측하는 디스플레이 패널의 상은 해당 위치에 실제로 빛이 모이는 실상(real image)가 아니라 물리적으로 빛이 직접 모이지 않는 허상(virtual image) 이므로 그 크기를 정확히 측정하기가 용이하지 않다. 또, 허상 크기는 사용자의 눈과 허상 사이의 거리에 따라 사용자의 전체 시야 범위에서 영상이 차지하는 비율이 달라지므로, 단순히 허상의 대각선 방향 길이로 영상의 크기를 표현하는 것은 적절하지 않다. 따라서 HMD에서는 영상의 크기를 표현하기 위하여, 디스플레이 허상의 대각선 방향 길이 대신, 눈의 위치로부터 측정된 허

상의 대각선 방향 대향각크기 (angular size)를 표시하며 이를 HMD의 화각(Field of View, FOV)이라고 한다. 그림 2-4는 이러한 화각의 개념을 도식적으로 비교하고 있으며, 그림 2-4의 오른쪽에서 넓은 화각과 좁은 화각의 경우를 예로 설명하고 있다. 일반적인 디스플레이에서는 영상의 크기를 화면의 대각선 방향 길이로 표현하므로 미터나 인치와 같은 길이 단위로 영상의 크기를 표현 하는데 반하여, HMD에서는 화각으로 표현하므로 도와 같은 각도 단위로 영상의 크기를 표현한다.

일반적으로 VR용 HMD는 사용자가 가상 세계에 실제 들어간 것과 같은 몰입감과 임장감을 주어야 하므로 사용자의 시야 전체를 디스플레이 영상으로 채우는 것이 중요하며 이를 위해 가급적 큰 화각을 구현하기 위해 노력한다. AR/MR 용 HMD는 현실 세계와 디스플레이 영상을 동시에 관측해야 하므로 VR 대비 요구 화각이 작을 수 있으며, 또 AR/MR을 위한 필수 광학 요소인 Optical Combiner가 갖는 구조적 한계로 인해, 일반적으로 VR 보다는 작은 화각으로 구현된다.

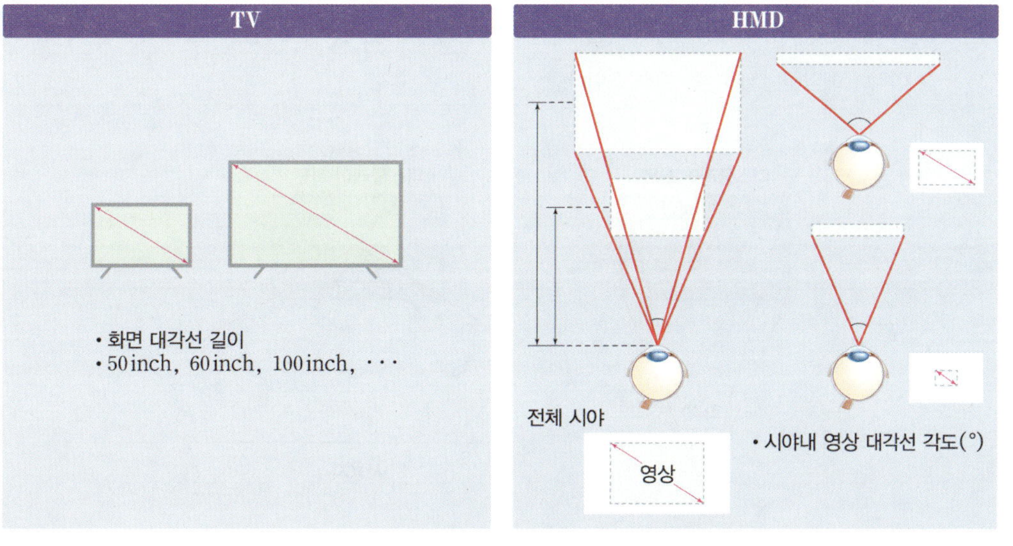

▲ **그림 2-4.** 화각(FOV)의 개념

화각(Field of view)과 시야각(Viewing angle)

일반적으로 화각과 시야각은 혼용되어 사용되기도 한다. 그러나 디스플레이 분야에서 엄밀히 따지면 둘은 서로 다른 개념이다. 화각은 고정된 사용자의 위치에서 디스플레이 화면을 바라보았을 때, 디스플레이 화면의 크기를 각도로 표현한 것이다. 따라서 화각이 크면, 사용자의 시야에서 디스플레이 화면이 차지하는 양이 많은 것을 의미하며, 화각이 작으면 디스플레이 화면의 시야내 크기가 작은 것을 의미한다. 동일한 크기의 디스플레이 화면에 대해서도 사용자와 디스플레이 화면 사이의 거리가 멀어지면 화각은 작아지며, 거리가 가까워질 경우 화각은 증가한다.

시야각은 디스플레이 화면에 표시된 영상을 온전히 볼 수 있는 사용자의 위치 범위를 각도로 측정한 것이다. 그림 2-5의 오른쪽에서와 같이 고정된 거리에 있는 디스플레이 화면에 대하여 사용자가 위치를 좌우측 혹은 위아래로 이동하며 관측할 때 디스플레이 화면에 표시된 영상의 화질이 일정 기준 이내로 들어오는 사용자의 위치 범위를 디스플레이 중심으로부터 측정한 각도가 시야각을 의미한다.

HMD에서 일반적인 디스플레이의 화면 크기에 해당하는 개념은 화각이며, 일반적인 디스플레이의 시야각에 해당하는 개념은 아이박스이다.

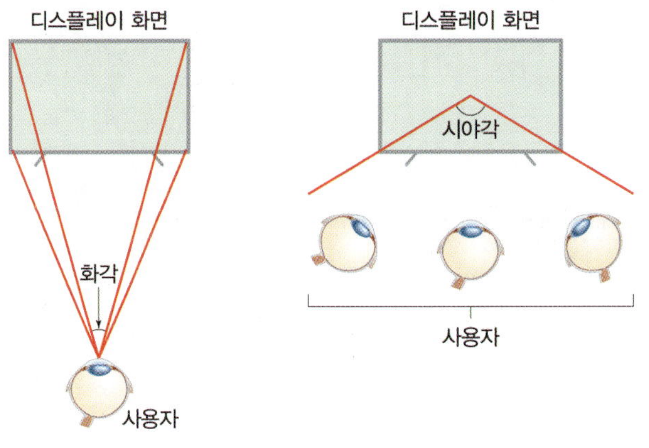

▲ 그림 2-5. 화각과 시야각의 차이

❷ 각해상도 (Angular resolution)

TV와 같은 일반적인 디스플레이에서 영상의 세밀도를 반영하는 기준은 해상도이다. 해상도는 보통 디스플레이 화면을 이루는 픽셀들의 개수 혹은 디스플레이 픽셀들의 밀도로서 표현한다. Full High Definition (FHD=1920x1080개의 픽셀), Ultra High Definition (UHD=3840x2160개의 픽셀), 8K 등이 전자를 의미하며, 보통 pixels-per-inch (ppi) 단위로 표현되는 숫자가 후자를 의미한다.

HMD에서는 사용자의 눈이 바라보는 픽셀의 크기가 중요하므로 해상도를 일반적으로 각해상도 (angular resolution)으로 표현한다. 각해상도란 그림 2-6의 오른쪽에서 보는 바와 같이, HMD가 표시한 허상을 이루는 각각의 허상 픽셀들의 각크기 (angular size)를 사용자의 눈의 위치를 중심으로 측정한 것을 반영한다. 이 때, 허상 픽셀의 각크기는 매우 작은 값이고, 많은 경우 허상의 픽셀을 하나하나 구분하여 측정하는 것이 쉽지 않으므로, 단위 각도(=1도)안에 몇 개의 cycle을 표현할 수 있느냐 혹은 단위 각도(=1도)안에 몇 개의 허상 픽셀이 포함되느냐를 이용하여 각해상도를 표시한다. 전자 (단위 각도 안에 표현할 수 있는 cycle의 수)는 cycles-per-degree (cpd) 단위, 후자 (단위 각도 안에 포함된 허상 픽셀의 개수)는 pixels-per-degree (ppd) 단위로 표현한다. 하나의 밝고 어두운 cycle을 표현하기 위하여 적어도 2개의 픽셀이 필요하므로 N cpd는 2N ppd에 해당한다. 그림 2-6의 오른쪽에는 각각 6cpd (=12ppd)와 10cpd (=20ppd)에 해당하는 예시가 표현되어 있다.

HMD는 사용자에게 세밀한 영상을 표시하여 위하여 가급적 높은 각해상도로 영상을 표현해야 한다. 시력 1.0인 사람 눈의 해상도는 약 30cpd (=60ppd)에 해당한다. 따라서 사용자가 보기에 자연스러운 영상을 표현하기 위해서는 HMD가 30cpd (=60ppd) 이상의 각해상도를 가지도록 설계되어야 한다. 이러한 조건에 미치지 못할 경우, 사용자는 HMD가 표시한 허상을 구성하는 개별 허상 픽셀들을 구분하여 볼 수 있으며, 픽셀들 사이의 black matrix 영역도 시인하게 되어 모기장 효과 (screen door effect)등으로 화질이 저하된 영상을 관측하게 된다.

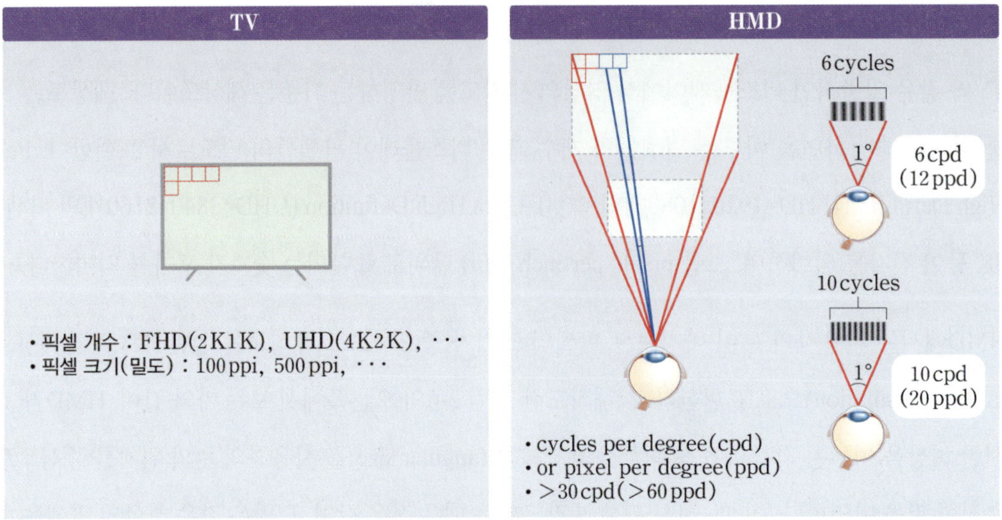

▲ **그림 2-6.** 각해상도의 개념

③ 아이박스 (Eyebox)

TV와 같은 일반적인 디스플레이는 정면의 사용자에게 최적의 화질을 갖는 영상을 표현하도록 설계되며, 사용자가 정면에서 벗어나 비스듬한 각도로 디스플레이 화면을 관측할 경우 표시되는 영상의 화질이 저하된다. 디스플레이의 시야각은 디스플레이의 화질이 일정 조건 이내로 들어오는 사용자의 관측 각도 범위를 나타내며 그림 2-7의 왼쪽에서 보는 바와 같이, 디스플레이를 기준으로 측정된 사용자의 위치 범위를 의미한다.

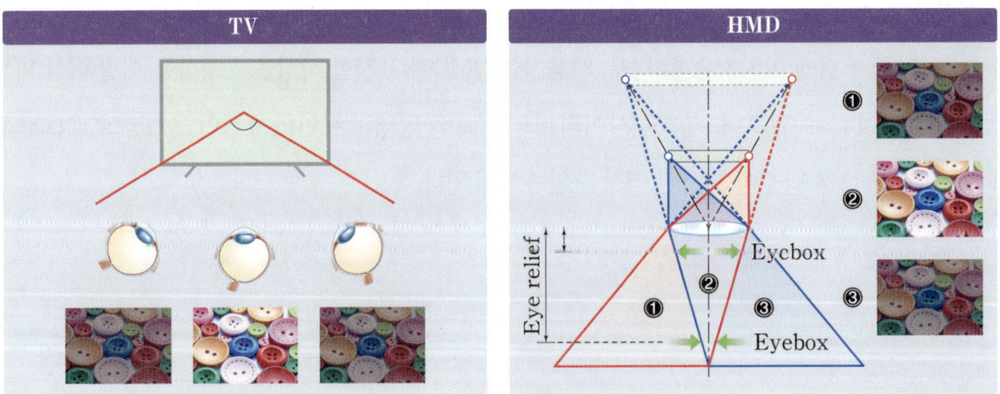

▲ **그림 2-7.** 아이박스의 개념

반면 HMD에서는 사용자가 디스플레이 패널을 직접 관측하는 것이 아니라 광학계를 통하여 그 허상을 관측하게 되고, 특히 사용자의 눈과 디스플레이간의 상대적인 위치가 대체로 고정되어 있으므로, 일반적인 디스플레이에서의 시야각 정의를 그대로 적용하기 어렵다. HMD에서 시야각에 대응되는 개념은 아이박스(Eyebox) 이다. 아이박스란 디스플레이 패널의 허상 영상 전체를 온전히 볼 수 있는 사용자 눈의 위치 범위를 길이 단위로 측정한 것을 말한다. 그림 2-7의 오른쪽에서 보는 바와 같이, 사용자가 디스플레이의 특정 픽셀을 보기 위해서는 디스플레이 픽셀로부터 출발한 빔이 허상 광학계에 의하여 굴절된 후 그 빔의 영역 안에 사용자의 눈이 위치하여야 한다. 따라서 디스플레이 전체를 온전히 보기 위해서는 디스플레이의 양쪽 끝에 위치한 픽셀에서 출발한 두 빔이 겹치는 영역에 사용자의 눈이 위치하여야 하며, 이 영역의 수평 수직 방향 크기가 아이박스이다. 이는 디스플레이의 허상 영상을 특정 크기의 창문을 통하여 보는 상황으로 생각할 수도 있다. 이 때, 허상 광학계, 정확히는 허상 광학계의 출사동공(Exit pupil)이 창문으로서 기능하게 되며, 아이박스는 그 창문을 통하여 고정된 위치의 허상 영상 전체를 관측할 수 있는 눈의 위치범위를 의미한다. 그림 2-8은 눈의 위치와 시야내 관측되는 허상 영상의 관계를 보다 자세히 표시한다. 그림 2-8에서 보는 바와 같이 사용자의 눈이 고정된 거리에서 좌우로 이동할 때, 사용자 눈과 디스플레이 양 끝단 픽셀 빔의 위치 관계에 따라 사용자 눈의 시야에 들어오는 디스플레이 허상의 범위가 달라진다. 아이박스는 사용자의 시야안에 디스플레이 패널 허상의 전체가 들어오는 영역 (즉, 그림 2-8에서의 중간 줄에 해당하는 영역)을 의미한다.

실제 사람의 눈은 유한한 동공의 크기를 갖고 있으며, 동공의 크기는 주변 밝기 등의 외부 요인에 의하여 변화한다. 이 때 아이박스의 가장자리에서는 동공의 일부를 통해서만 허상 영상의 빔이 입사하기 때문에 비네팅(vignetting) 현상으로 인하여 관찰되는 영상의 휘도가 줄어들게 된다. 예를 들어 동공이 최대로 확장된 경우, 동공이 수축했을 때 보다 더 넓은 범위에서도 동공의 일부를 통해 허상 영상의 빔이 입사할 수 있다. 이러한 아이박스 크기의 변동성을 최소화하기 위하여, 동공의 크기와 무관하게 아이박스를 정의할 수 있도록 허상 영상의 빔의 최외각이 동공의 중심을 통과하는 50% 비네팅 조건을 주로 사용한다. [Ref. IEC 63145-20-10 Eyewear display – Part 20-10: Fundamental measurement methods – Optical properties] 그림 2-7의 오른쪽에서 보는 바와 같이, 일반적으로 아이박스는 사용자 눈의 광학계로부터의 거리에 의존한다. 사용자 눈의 광학계로부터의 거리, 보다 엄밀히는 HMD의 최종 광학면으로부터 사용자 눈까지의 축방향 거리는 안점 거리 혹은 아이릴리프(Eye relief)라고 불리운다. 일반적으로 작은 아이릴리프에서 아이박스는 커지고, 긴 아이릴리프에서 아이박스는 작아진다. 아이박스 만을 위하여 아이릴리프를 과도하게 줄일 경우, 사용자 눈과 광학계와의 기계적 간섭이 있을 수 있으며, 특히 사용자가 시력 보정 안경를 착용하고 있을 경우, HMD의 아이릴리프는 안경의 그것보다 적어도 길어야 한다. 일반적으로 아이박스는 HMD 설계시 설정된 아이릴리프 거리에서 측정된다. HMD에서 아이박스는 안구의 회전, 양 눈 사이 간격의 개인간 차이를 고려하여 충분히 큰 크기로 설계되어야 한다. 특히 두 눈사이의 간격 (IPD, interpupillary distance)은 사람마다 차이가 큰데, Dodgson의 조사에 따르면 IPD는 대략적으로 63 mm를 평균으로 4 mm 가량의 표준편차를 갖고있다. [ref . Neil A. Dodgson, "Variation and extrema of human interpupillary distance," Proc. SPIE 5291, Stereoscopic Displays and Virtual Reality Systems XI, (21 May 2004); https://doi.org/10.1117/12.529999] 이 경우, 단일 HMD 모델로 인구 대부분의 IPD를 포함하기 위해서는 55 mm에서 71mm의 IPD에 대응되는 아이박스가 필요하며, 최소한 8 mm의 수평 아이박스가 필요하고, 수평방향 안구의 움직임 등으로 고려하면 이보다 넓은 아이박스를 구현하여야 한다. 만약 광학적으로 아이박스 구현이 용이하지 않은 경우, 기계적인 움직임을 통하여 양안 광학계의 간격을 물리적 조정하는 방안 등이 고려되거나, IPD별로 다른 광학계를 적용한 모델을 제공하여야 한다. [10].

일반적으로 아이박스는 영상이 온전히 관찰되는지 여부를 휘도 기준을 통해 평가하지만, MTF와 같이 HMD의 광학계에 다른 요인에 인하여 영상의 관찰성이 평가되는 경우도 고려해야 한다. 휘도 기준 아이박스와 마찬가지로 특정 위치에서 허상 영상의 결상 품질 저하가 발생한다면 영상의 MTF 기준에 의하여 눈의 위치 범위를 정의할 수 있으며, 해당 범위가 휘도 기준 아이박스 범위와 일치하지 않을 경우 더 작은 범위의 아이박스를 적용하여야 한다.

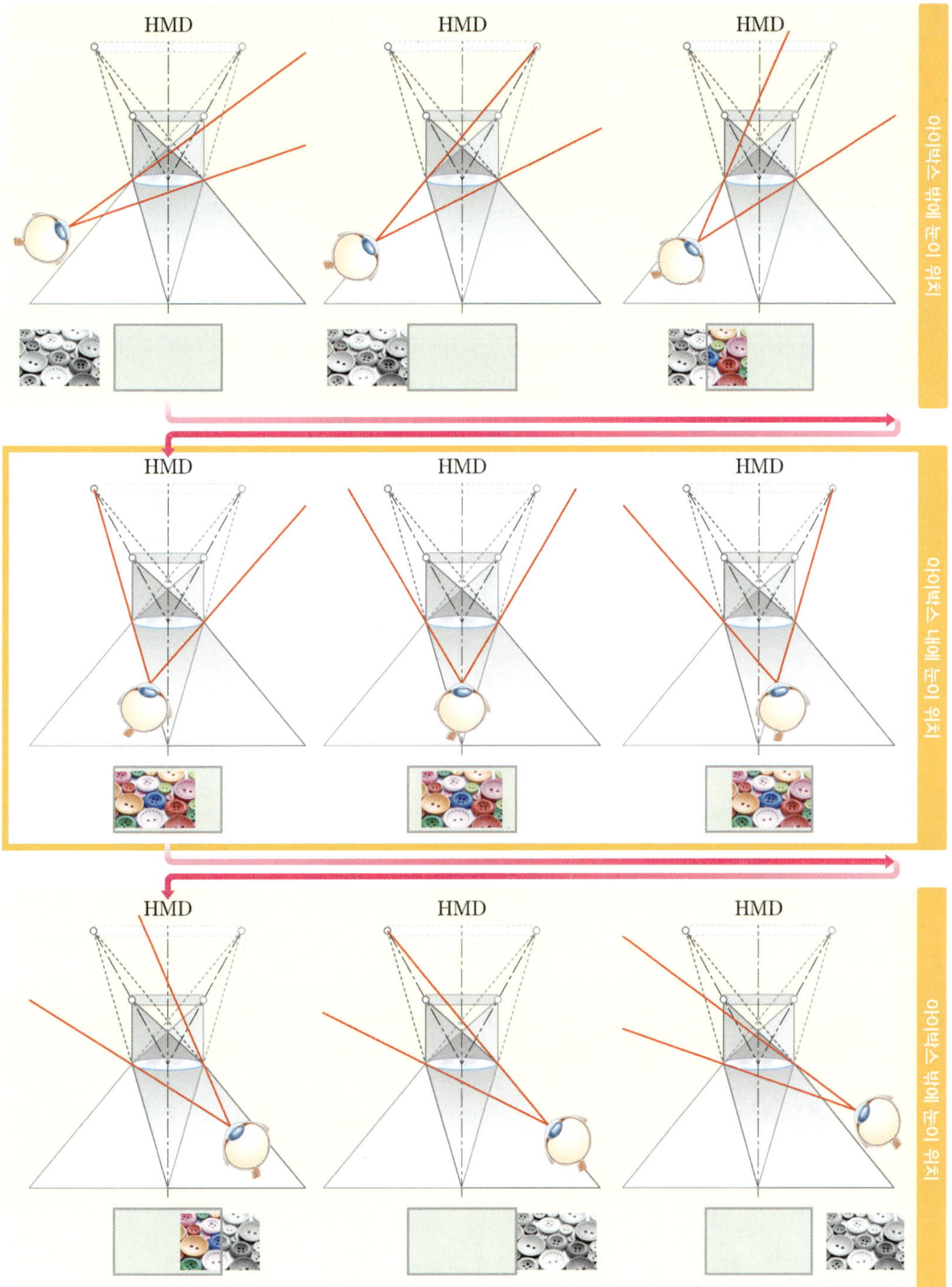

▲ **그림 2-8.** 눈의 위치와 관측 영상

길이 단위의 아이박스와 부피 단위의 아이박스

일일반적으로 아이박스는 아이릴리프 거리에서 길이 단위로 측정된 눈의 위치 범위를 의미한다. [10mm(H) x 8mm(V) @20mm 아이릴리프] 등이 그 예이다. 그러나 간혹 부피 단위로 아이박스를 표현하기도 한다. 이는 그림 2-7의 오른쪽에서 보는 바와 같이, 디스플레이 허상 전체를 관측할 수 있는 눈의 위치 범위는 디스플레이 양 끝단 픽셀 빔들이 중첩되는 공간상의 영역, 즉 체적의 형태로 나타나기 때문이다. 따라서 단순히 아이릴리프 특정 거리에서 눈의 평면 방향 크기로 나타내는 것보다 전체 거리 영역에서의 눈의 위치 가능 공간 범위를 표현하는 것이 보다 정확한 표현이라고도 볼 수 있다. 그러나 눈이 아이릴리프 거리에 있음을 가정하고 HMD의 광학계를 설계하게 되고, 실제 사용에서도 기계적인 조정을 통하여 눈을 최적 아이릴리프에 위치시키게 되므로 아이릴리프 거리에서의 눈의 평면 방향 위치 범위를 표현하는 것으로도 일반적으로는 충분하다.

CHAPTER

3 Human visual system

3.1 사람의 눈과 적응

사람의 눈은 그림 3-1과 같이 여러 요소들로 구성된다. 이 중 눈으로 들어온 시각 정보를 보기 위해서는 동공, 망막, 수정체가 가장 중요한 역할을 수행한다. 우선 동공 (Pupil)은 빛이 조절되어 들어가는 입구로, 성인의 정상 동공 크기는 밝은 곳에서는 직경 2-4mm, 어두운 곳에서는 직경 4-8mm로 다양하다. 다음으로 망막 (Retina)은 사람 눈으로 들어온 정보가 상이 맺히는 곳이다. 이 망막에 도달하는 빛의 양은 2mm에서 8mm사이의 동공 크기에 의해 조절된다. [1]

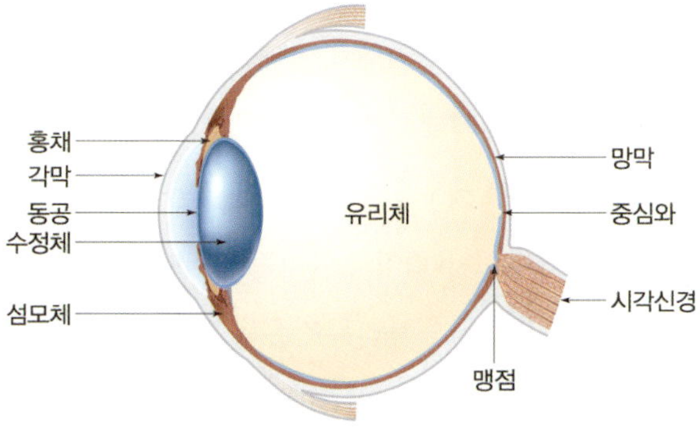

▲ **그림 3-1.** 눈의 구조

망막은 다양한 시세포들로 이루어져 있는데 그 중 특히 간상세포(Rod cell)와 원추 세포(Cone cell)가 사람의 시각 특성에 큰 영향을 미친다. 그림 3-2에서 보는 바와 같이 간상 세포는 명암을 구분하는 498nm 부근의 파장의 빛에 가장 민감하고, 640nm 이상의 파장에서는 완전히 빛을 감지하지 못하는 특징이 있다. 원추 세포는 색상을 구분하는 세포로 최대 감도를 가지는 파장의 길이에 따라 각각 S, M L 세포로 다시 나눌 수 있다. S 세포는 짧은 파장인 파랑과 보라색 사이의 빛, 즉 파장이 420nm인 빛에 가장 민감하고, M 세포는 중간 파장인 청록과 파랑 사이의 빛, 즉 파장이 532nm인 빛에 가장 민감하며, L 세포는 가시광선 가운데 비교적 파장이 긴 노랑에서 녹색 사이의 빛, 즉 파장이 564nm인 빛에 가장 민감하다. 이를 그림 3-2와 같이 파장에 따른 민감도 곡선으로 표현할 수 있는데, 초록색을 감지하는 영역이 S 세포와 L 세포에 걸쳐 있기 때문에 사람의 눈은 초록색에 가장 민감하다.[2]

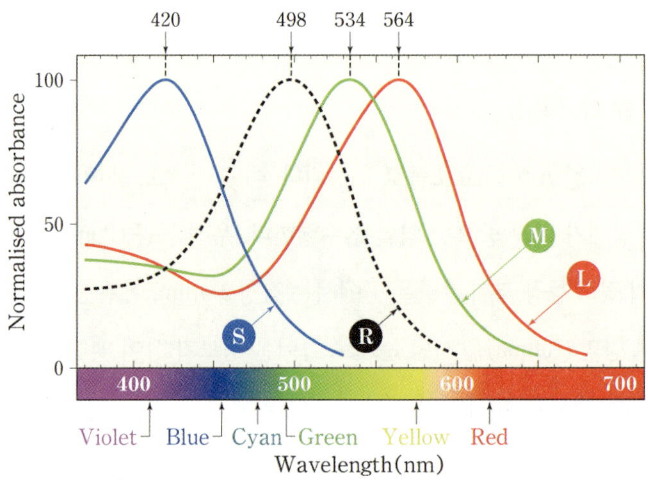

▲ **그림 3-2.** 간상 및 원추 세포의 응답 특성 [7]

간상 세포는 원추 세포보다 약 100배 정도 민감한 특징을 갖고 있고, 반응 속도가 매우 느리다. 또한, 그림 3-3을 보면 간상 세포의 수가 원추 세포보다 훨씬 많은 것을 확인할 수 있고, 간상 세포와 원추 세포가 모두 존재하지 않는 맹점 (Blind spot)이라 불리는 영역이 존재하며 이 부분에는 상이 맺히지 않는다. 반면, 망막에는 중심와 (Fovea)라 불리는 작은 울퉁불퉁한 부분으로 구성된 영역이 존재하는데 이 영역에서 원추 세포의 밀도가 가장 높아 최대 해상도를 인지할 수 있다. 중심와의 가장자리 영역인 주변 시영역에서는 시세포의 밀도가 급격하게 떨어지기 때문에 인지하는 해상도가 낮아진다.[3]

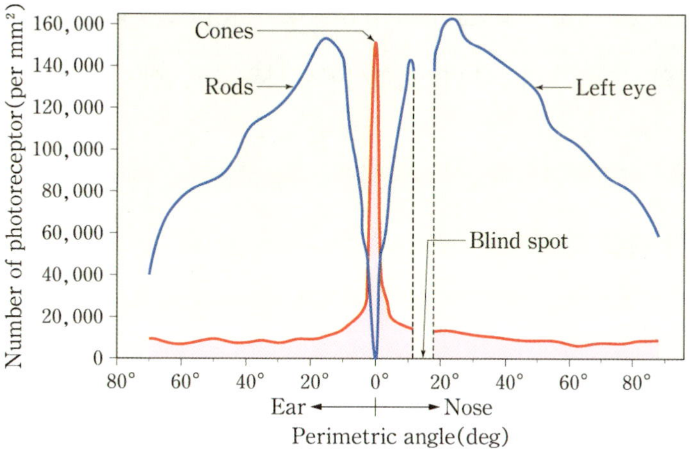

▲ **그림 3-3.** 간상세포와 원추세포의 광수용체 밀도

이러한 간상 세포와 원추세포의 특징으로 사람은 암순응과 명순응을 경험하게 된다. 암순응 (Dark adaptation)은 밝은 곳에서 어두운 곳으로 들어갔을 때 처음에는 보이지 않던 것이 시간이 지남에 따라 차차 보이기 시작하는 현상으로 간상 세포의 반응 속도가 매우 느리기 때문에 빛에 적응하는 동안 노출이 부족한 이미지를 경험하는 시간이 오래 걸리므로 발생한다. 명순응 (Light adaptation)은 어두운 곳에서 밝은 곳으로 나오면 처음에는 눈이 부시지만 곧 이에 적응하게 되는 현상으로 원추 세포가 빛을 수용함이 따라 진행되는데 과도한 빛은 눈, 특히 망막을 손상시키므로 암순응보다 빠르게 일어난다.

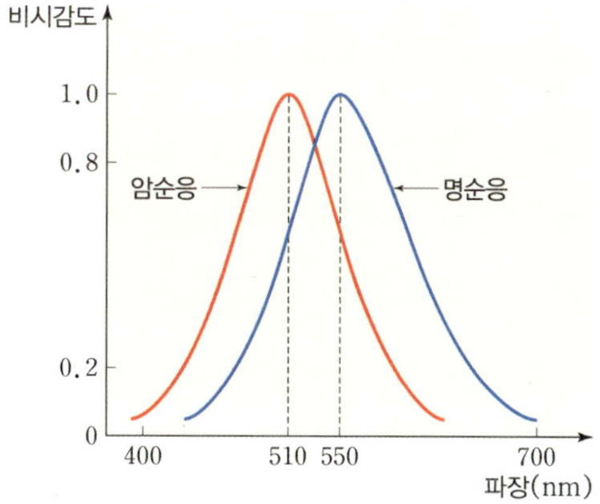

▲ **그림 3-4.** 눈의 비시감도 곡선

사람이 빛을 느끼는 파장 범위보다 길어지거나 짧아질 때 빛이 어두워짐을 느끼는데 이처럼 전자파의 에너지가 빛으로 느껴지는 정도를 빛의 시감도라고 한다. 또한 눈의 최대 감도를 1로 하여 다른 파장에 대한 시감도 비를 비시감도라 하고 이를 곡선을 나타낸 것을 비시감도 곡선이라 한다. 위에서 언급했듯 암순응, 명순응의 이유로 사람이 밝은 곳에서 같은 밝기로 보이는 청색과 적색이 어두운 곳에서는 적색이 어둡고 청색이 더 밝게 보이는 푸르키네 효과(Purkinje Phenomenon)가 발생한다. 즉, 시감도가 어긋나게 되는데 이를 비

시감도 곡선으로 표현한 것이 그림 3-4이다. [4] 이렇듯 사람이 색을 인지하는 데에는 실제와 차이가 있으므로 사람의 시각을 고려하여 디스플레이에서 색을 구현하야 한다. 이는 추후 광학 파라미터 부분에서 다루도록 하겠다.

3.2 다양한 광학 파라미터

① 굴절력(Optical Power)

눈의 수정체(Lens)는 모양을 변형하여 굴절력을 변화시킴으로써 망막 상에 초점이 맺히도록 한다. 굴절력 (P)은 렌즈, 거울, 기타 광학 시스템이 빛을 모으거나 분리시키는 정도를 의미한다. 굴절력의 단위는 디옵터와 동일한 [m^{-1}]이고 장치의 초점 거리와의 관계는 다음과 같다.

$$P - \frac{1}{f} \tag{3.1}$$

수정체의 굴절률은 1.4-1.42로 이에 따라 상이 맺히는 망막의 위치가 달라진다.

② 광학 파라미터(Optic Parameter)

실제 물리적인 광량에서는 전력(Power), 발광(Radiance), 강도(Intensity), 조도(Irradiance)의 파라미터를 이용한다. 하지만, 앞서 언급한 바와 같이 다양한 요인에 따라 실제의 것과 사람의 시각으로 보는 것에 차이가 발생한다. 따라서 디스플레이에서는 사람의 평균적인 주간 시각의 감도를 고려한 유효 광량에서 이를 재정의한다.

다음 식을 이용하면 사람의 평균적인 주간 시각의 감도(=S)를 고려할 수 있다.

$$X_{phot} = \frac{683}{W} \int_0^{\infty} X_{rad}(\lambda) S(\lambda) d\lambda \tag{3.2}$$

따라서 각각의 파라미터는 빛광력(Luminous Power, Luminous Flux), 휘도(Luminance), 광도(Luminous intensity), 조도(Illuminance)로 재정의 된다. 이를 단위를 포함하여 정리한 것이 표 3-1이다.

| 표 3-1 | 물리적인 광량과 사람의 주간 시각 감도를 고려한 광량

실제 물리적인 광량	사람의 평균적인 주간 시각의 감도를 고려한 유효 광량
전력(Power) [W]	발광력(Luminous Power) [ϕ]
발광(Radiance) [W/]	휘도(Luminance) [lm/m^2/sr/ = cd/m^2 = nit]
강도(Intensity) [W/sr]	광도(Luminous intensity) [lm/sr = cd]
조도(Irradiance) [W/	조도(Illuminance) [lm/m^2 = nux]

명암은 밝고 어두운 정도를 나타내는 것으로 명암이 뚜렷하지 못할 경우 정확한 색상이 표시되지 않는 문제가 발생한다. 흑색에서 백색으로 가는 중간 단계(회색)간의 구분이 정확하고 일정해야 좋은 디스플레이 제품이라 할 수 있으며, 백색보다는 정확한 흑색을 표시하는 것이 매우 중요하다. 휘도는 디스플레이, 즉 발광면의 이러한 명암을 의미한다. 다시 말해, 관측자 쪽으로 다가오는 빛이 어느 정도인지를 나타낸다. 조도는 어떤 면이 지속적으로 받는 빛의 세기 정도를 나타내는 양이다.

디스플레이는 그림 3-5에서 볼 수 있듯 감마 값에 따라 밝음 정도의 차이가 느껴진다.
감마는 디스플레이에 입력되는 신호의 크기와 화면 상에 나타나는 영상의 휘도 간 상관 관계를 결정하는 수치로 그 값이 1인 경우 입력 신호의 크기와 출력 영상 휘도는 선형적인 관계를 가진다. 감마 값이 1보다 큰 경우에는 중, 저계조 영역에서 화면이 좀 더 어둡게 표현되고, 1보다 작은 경우에는 밝게 표현된다.

▲ **그림 3-5.** 감마값에 따른 이미지 비교

회색도(Gray Level)는 디스플레이의 bit에 따라 검정에서 흰색까지 균등한 간격으로 나눈 명암 수치를 의미한다. 주로 8bit이며 이 경우 256 Gray로 표현이 가능하다. 0 Gray부터 255 Gray까지 단계별로 한 칸씩 밝기를 지정하고 Gray가 올라갈수록 해당되는 Gray의 휘도가 점점 높아지게 설정을 한다. [5]

▲ **그림 3-6.** Bit-depth에 따른 계조 표현

사람은 그림 3-7과 같이 밝은 부분에서의 차이는 잘 감지하지 못하고 어두운 부분에서의 차이는 잘 감지한다. 따라서 감마 값을 1로 설정해 놓으면 높은 Gray level로 갈수록 밝은 색을 잘 구분하지 못하게 된다. 이를 보완하기 위해 인간의 눈에 최적화된 표준 감마 값을 일반적으로 약 2.2로 맞춘다. 그림 3-8에 표시된 감마 곡선에서 확인해 보면 곡선이 선형 관계보다 아래에 위치하여 고계조 영역에서 밝기 구분이 수월 해진다. 반면 감마를 너무 큰 값으로 설정하면 저계조 영역에서 회색도에 따른 휘도의 변화가 거의 나지 않게 되어 이미지가 매우 어둡고 뭉쳐서 보이게 된다.

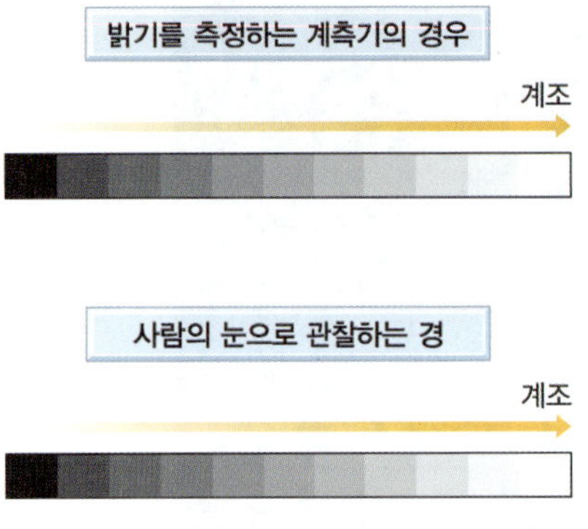

▲ **그림 3-7.** 광량과 시인 계조의 차이

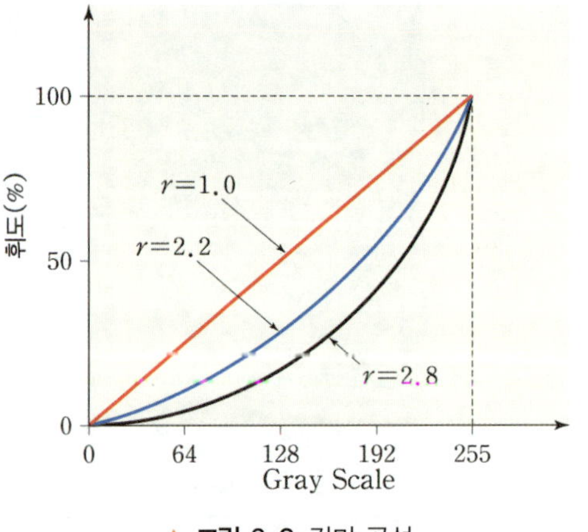

▲ **그림 3-8.** 감마 곡선

또한, 우리의 눈은 원래의 이미지보다 경계선이 예리한 이미지를 더욱 선명하게 인식하는 특징이 있다. 이를 마하밴드 효과(Mach Effect)라 하는데 정확하게 정의하면 휘도가 다른 경계 부분에서 어두운 경계 영역은 더욱 어둡게 보이고 밝은 영역은 더욱 밝게 보이는 현상이다. 그림 3-9의 그래프를 보면 실제의 휘도 차이보다 인간이 인지하는 휘도 차이가 훨씬 극대화되는 것을 그래프를 통해 확인할 수 있다.

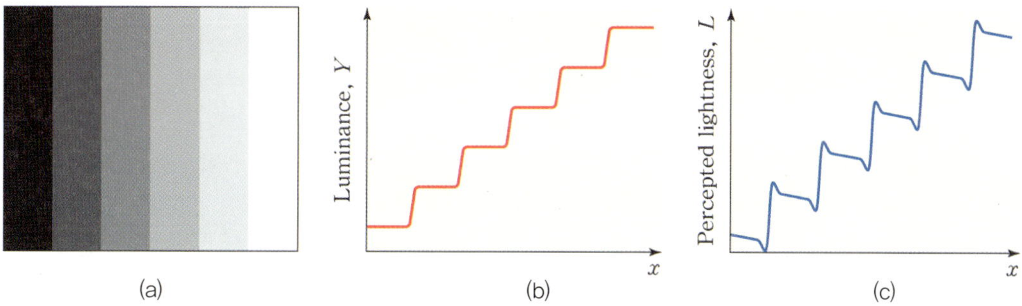

▲ **그림 3-9.** 마하밴드 효과 (a) 원래 이미지; (b) 물리적 휘도 분포; (c) 시각상의 밝기 분포

3.3 시야 범위와 해상력

1 안구의 시야 범위

시야(visual field) 혹은 눈의 화각은 어떤 한 점을 바라볼 때 눈을 움직이지 않고도 관찰 가능한 전체적인 공간적 범위를 의미한다. 주로 중심와(fovea)를 통해 관찰하여 눈의 초점이 맺혀 뚜렷하게 보이는 영역을 중심 시야라고 하며 중심와 이외의 망막(retina) 영역을 통해 관찰하여 비교적 뚜렷하게 보이지 않는 영역을 주변 시야라고 한다. 사람의 눈은 빛의 파장에 따라 다른 시야를 가지며 주로 청색, 적색, 녹색의 순으로 시야가 줄어들기 때문에 이 후의 내용들은 모두 백색의 빛을 기준으로 설명한다.

시야는 단안 시야(한쪽 눈을 사용)와 양안 시야(양 눈을 모두 사용)의 경우 달라지게 된다. 단안 시야는 각 눈이 개별적으로 볼 수 있는 영역으로 수평 방향으로 약 -60°에서 100°까지 대략 160° 정도이며 수직 방향으로 약 130°이다. 따라서 두 눈의 개별 영역을 합하면 약 200°에 상응하는 범위를 포함한다. 양안 시야는 두 눈이 공유 가능한 시야 영역으로 좌우 단안 시야의 중복된 영역을 의미하며 수평 방향으로 약 120°, 수직 방향으로 약 130°의 범위를 가진다. 두 눈이 모두 초점을 맺을 수 있는 영역을 주시야라고 하며 수평 방향과 수직 방향 모두 약 60°로 양안 시야의 매우 작은 영역에 해당한다.[6]

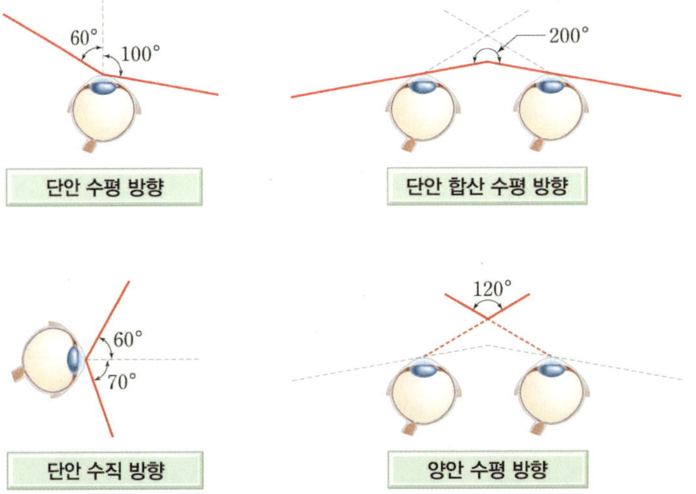

▲ **그림 3-10.** 단안 시야와 양안 시야

HMD의 영상 크기 즉 화각은 이와 같은 눈의 시야 범위를 고려하여 설계되어야 한다. VR 응용의 경우 사용자의 시야 범위 전체를 디스플레이의 영상으로 가득 채우는 것이 바람직하다. 따라서 VR HMD에서 각 눈에 해당하는 목표 화각은 개별 눈의 시야 범위인 160도 혹은 눈의 회전을 고려하여 그 이상으로 설정된다. AR 혹은 MR의 경우 사용자가 디지털 영상 뿐 아니라 현실 세계도 함께 관측해야 하므로 영상의 화각을 VR과 같이 늘리는 것이 많은 경우 필요하지 않다. 일반적으로 AR/MR HMD에서는 양 눈의 시야 범위가 중복되며 정확한 초점을 맺을 수 있는 영역인 주시야 범위, 즉 60도 내외의 화각을 목표로 설정한다

② 해상력(Resolving power)

사람 눈의 해상력은 사람의 눈이 1 의 각도내에서 반복되는 패턴의 주기를 얼마나 구분할 수 있는지로 표현된다. 그림 3-11의 왼쪽은 다양한 공간 주파수에 따른 사람 눈의 대비 민감도를 표현하는 그림으로 가로 축은 각해상도 cpd 단위로 표시된 공간 주파수, 세로 축은 대비를 나타낸다. 그림 3-11의 왼쪽에서 보는 바와 같이 오른쪽으로 갈수록 공간 주파수가 커지고 위로 올라갈수록 대비가

작아지며 그림에서 반복되는 패턴은 흰색과 검은색 선의 쌍으로 이러한 공간적인 패턴의 지각정도가 평가의 기준이 된다. 공간 주파수가 너무 크면 사람의 눈에서는 그 변화를 감지할 수 없게 되는데, 그 지점을 분해능 한계(resolution limit)라고 한다. 따라서 분해능 한계는 사람의 눈으로 볼 수 있는 가장 최대의 공간 주파수를 의미한다. 그림 3-11의 왼쪽을 보면, 중간 정도의 공간 주파수에서 대비 감도가 높고 이외의 영역에서는 대비 감도는 비교적 낮아지는데 이러한 현상을 그래프로 나타낸 것이 그림 3-11 오른쪽에 위치한 대비감도함수(Contrast Sensitivity Function, CSF)이다. 대비감도함수는 공간적인 패턴의 가시도를 사이즈와 대비에 모두 연관 지어 나타내기 때문에 인지 가능한 가장 작은 패턴의 크기만을 고려하는 것보다 더 포괄적인 평가가 가능해진다.

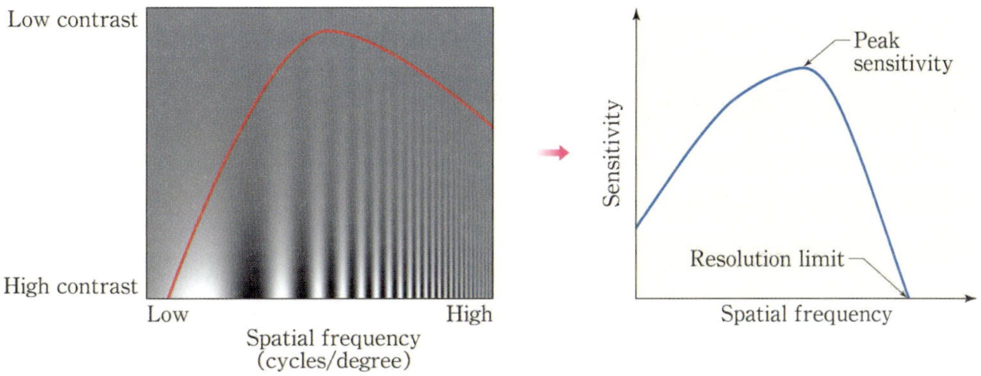

▲ **그림 3-11.** Campbell-Robson Chart와 대비감도함수[12]

평균적인 시력을 가진 사람이 구분할 수 있는 공간 주파수는 약 30cpd 이기 때문에 이론적으로는 디스플레이 장치가 30cpd 이상의 영상을 표현한다면, 평균적인 사람의 시력으로는 영상을 이루는 개별 픽셀들을 구분하지 못하고 연속적인 영상으로 느끼게 된다. 이러한 30cpd의 눈 해상력은 1arcmin(1/60 of a degree)의 최소 분해능 각크기로 표현할 수도 있다. 사람의 평균적인 시력으로 구분할 수 있는 공간 주파수가 30cpd라는 것은 디스플레이로 표현하였을 때 60개의 픽셀을 구분할 수 있음을 의미한다. 1 당 눈에서 인식할 수 있는 픽셀 수의 단위는 ppd(pixels per degree)로서 30cpd는 60ppd와 같다.

TV와 같은 일반적인 디스플레이에서 디스플레이 패널의 해상도가 동일할 때, 디스플레이의 화각과 각해상도는 서로 반비례 관계가 있다. 눈이 멀리 위치하면 각해상도는 증가하는 반면, 화각은 감소하며 그에 따라 몰입감이 떨어지게 된다. 눈이 가까이에 위치하면 화각은 커지지만 각해상도가 감소하여 눈이 픽셀들의 격자 형태를 인지할 수 있게 된다. 현재 일반적인 디스플레이에서는 30cpd를 기준으로 HD(1,280×720)에서 약 20°, Full HD(1,920×1,080)에서 약 30°, UHD(3,840×2,160)에서 약 60°의 화각을 구현할 수 있다.

이러한 화각과 각해상도간의 반비례 관계는 AR/VR/MR을 위한 HMD에도 동일하게 적용된다. HMD에서는 허상 광학계의 배율을 조절하여 주어진 디스플레이 패널을 넓은 화각으로 혹은 좁은 화각으로 구현할 수 있다. 그러나 HMD에 사용된 마이크로 디스플레이 패널의 해상도가 동일하다면 넓은 화각은 낮은 각해상도를 수반한다. 일반적으로 VR을 위한 이상적인 화각, 즉 수평 160°, 수직 150°를 구현하며 동시에 사람 눈의 해상력 한계인 60ppd 이상의 각해상도를 제공하기 위해서는 마이크로 디스플레이 패널의 해상도가 160×60(H)×150×60(V) = 9600(H)×9000(V) 정도로 매우 높아져야 하며 이의 단순한 구현은 현재 용이하지 않다.

③ 깊이 단서(Depth cues)

사람의 망막은 2차원 평면이기 때문에 관찰하는 대상의 실제 깊이와 관계없이 2차원 영상으로 초점이 맺게 되는데, 주변 환경과의 차이 등의 추가적인 정보를 이용해 3차원으로 인식할 수 있다. 이러한 정보 습득 및 처리 과정에서 중요하게 사용되는 것이 깊이 단서이다. 깊이 단서(depth cue)는 물체의 깊이 또는 관찰자로부터 떨어진 거리에 대한 정보를 의미하며 단안 단서와 양안 단서로 구분할 수 있다.

단안 단서는 하나의 눈을 이용해 지각할 수 있는 깊이 정보를 의미하며 주로 중첩이나 원근감 등을 통해 얻을 수 있다. 원근감(perspective)은 관찰자와의 거리가 달라짐에 따라 물체의 상대적인 크기가 결정되고 이에 멀고 가까운 거리감을 느낄 수 있는 것을 의미한다. 카메라나 실시간 관찰자가 느낄 수 있는 원근법은 디스플레이의 크기와 거리가 관찰자의 망막에 동일한 영상을 만들어낼 수 있는 경우에만 정확하게 재현이 가능하며, 이러한 조건을 만족할 때 원래의 상황과 동일한 수렴 투시선을 생성할 수 있다. 예를 들어 광각 카메라 렌즈를 사용하여 촬영된 영상을 재현하기 위해서는 동일한 화각을 생성하기 위한 광각 디스플레이가 필요하다.

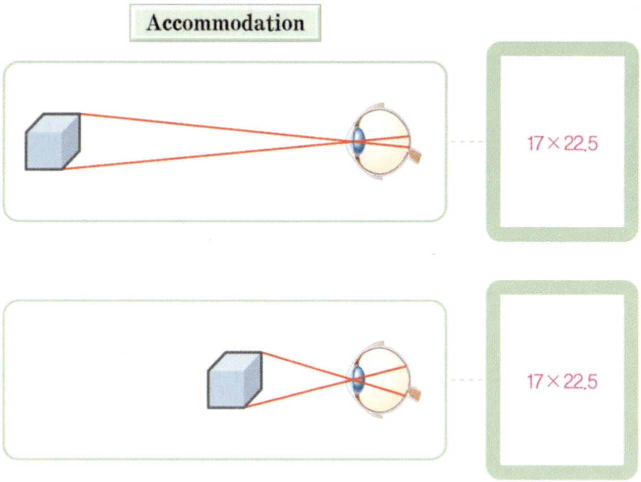

▲ **그림 3-12.** 초점 조절 (Accommodation)

주변 환경에 따른 눈의 초점 조절을 통해서도 깊이 정보를 얻을 수 있는데, 초점 조절(accommodation)은 수정체의 두께를 조절하여 서로 다른 거리에 존재하는 물체에 초점을 맞추는 것으로 물체의 입체감을 형성할 수 있다. 눈이 주시하고 있는 초점 거리에 위치하지 않고 너무 가깝게 혹은 멀리 존재하는 물체의 경우 뚜렷한 상이 맺히지 않고 흐릿하게 보이게 되는데, 이는 깊이 정보를 얻는 것에 매우 중요한 단서를 제공하게 된다.

▲ **그림 3-13.** 운동 시차 (Motion parallax)

또한 관찰자나 물체의 위치가 상대적으로 변화하는 정도에 따라 시차가 발생하는데 이를 운동 시차(motion parallax)라고 정의한다. 그림 3-13과 같이 관찰하는 위치에 따라 두 공의 위치 관계가 다르게 보이는 것 역시 운동 시차에 의한 결과이다. 마찬가지로 관찰자가 주시하는 지점을 기준으로 보다 먼 곳에 있는 물체는 같은 방향으로 움직이는 것처럼 느껴지며 가까이에 있는 물체는 다른 방향으로 빠르게 움직이는 것처럼 느껴진다. 이렇듯 상대적인 변화를 통해서도 물체에 대한 깊이 정보를 얻을 수 있다.

가려짐(occlusion) 또한 단안 깊이 단서 중의 하나이다. 사람의 시야에서 서로 다른 거리에 있는 물체들은 항상 가까이 있는 물체가 멀리 있는 물체를 가리게 된다. 따라서 어떤 물체의 일부가 다른 물체에 의해 가려져 관찰되는 경우, 가려진 물체가 상대적으로 멀리 있다고 감지하는 것을 의미한다. 이러한 폐색은 물체 상호간의 깊이 순서를 인지하게 하는 강한 단안 깊이 단서 중의 하나로서 기능한다.

(a) (b)

▲ **그림 3-14.** 폐색 (a) 앵무새와 나무 사이의 폐색이 구현되지 않은 경우 (b) 폐색이 구현된 경우

양안 단서는 두 눈을 이용해 지각할 수 있는 3차원 깊이 정보를 의미하며 대표적으로 양안 수렴과 양안 시차에 의해 얻을 수 있다. 양안 수렴(vergence)은 물체의 상을 망막상의 가장 높은 해상도 영역인 중심와(fovea)에 형성 할 수 있도록 그림 3-15와 같이 두 안구가 회전하는 것을 의미한다. 물체를 바라볼 때 주시야를 유지하기 위해 눈이 동시에 회전하며 초점을 맺게 되는데, 눈을 이루는 신경근육의 신호에 따라 일반적으로 전방 10m 이내에서 유효한 깊이 정보를 얻을 수 있다.

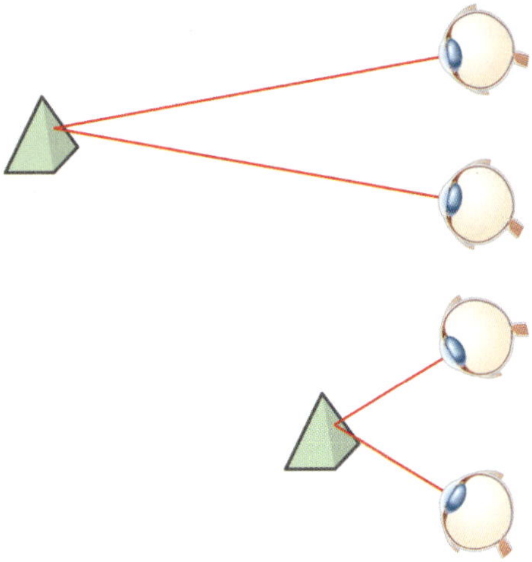

▲ **그림 3-15.** 양안 수렴 (Vergence)

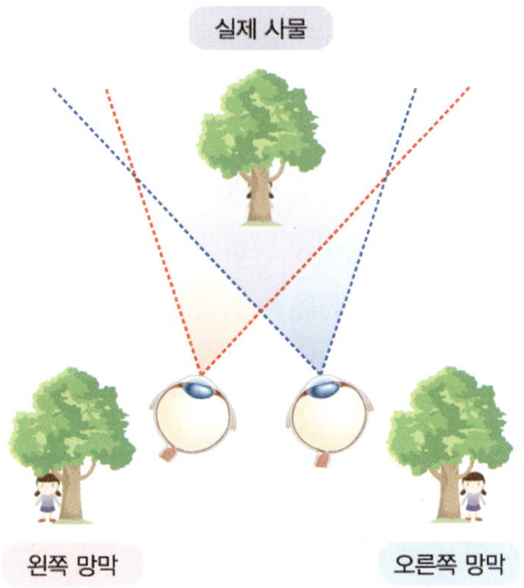

▲ **그림 3-16.** 양안 시차 (Binocular parallax)

양안 시차(binocular parallax)는 좌안과 우안이 공간적으로 약간 다른 위치에 존재하기 때문에 물체를 관찰할 때 그림 3-16과 같이 망막에 맺히는 상의 형태에 차이가 발생하는 것을 의미한다. 각 눈에 의해 발생한 시차가 사람의 뇌에서 합성될 때 깊이로 인식되어 입체감을 형성하기 때문에 결국 망막에 맺히는 영상은 2차원이지만 사람은 이를 3차원 정보로 인지하게 된다. 양안 시차는 물체와의 거리가 증가할수록 줄어들게 된다.

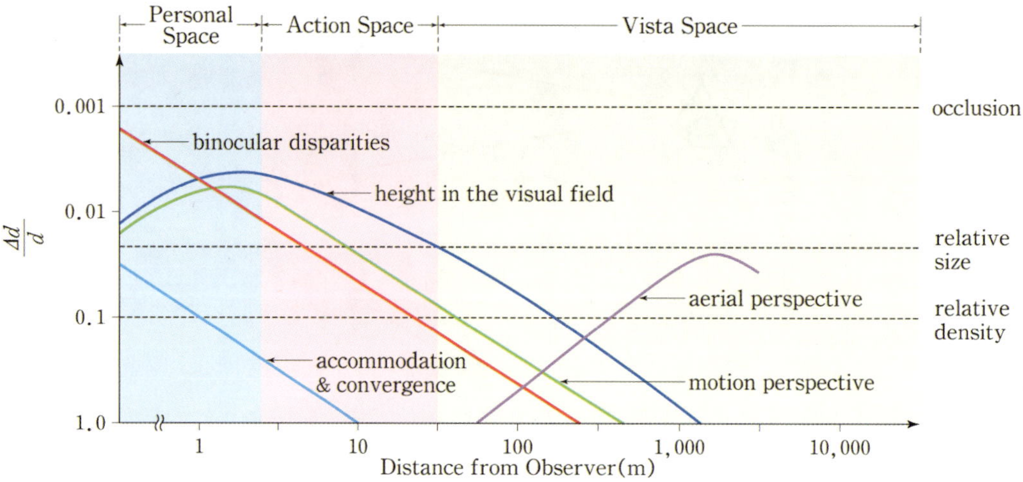

▲ **그림 3-17.** 거리에 따른 깊이 단서 민감도 [7]

현실 세계에서 실제 물체들을 관측할 때는 위에서 설명한 다양한 깊이 단서들이 서로 일관성 있게 작용하여 사람은 자연스러운 입체감을 느끼고 물체의 거리를 추정하게 된다. 그림 3-17은 다양한 깊이 단서와 거리에 따른 깊이 인지 민감도를 나타낸 것이며, 사람은 물체의 거리에 따라 민감하게 받아들이는 깊이 단서에 차이가 있다는 것을 알 수 있다 [7]. HMD에서는 깊이감 제공을 통한 몰입감을 구현하기 위해서는 허상 영상에 대하여 민감한 깊이 단서들을 모두 제공하는 것이 중요하지만, 다양한 깊이 단서들이 일부만 제공되거나 일관성 있게 제공되지 못하여 문제가 발생할 수 있으며 그 대표적인 예가 수렴-초점 불일치 (Vergence-Accommodation Conflict, VAC)이다.

그림 3-18은 양안 시차에만 의존하는 일반적인 3차원 디스플레이에서 발생할 수 있는 VAC의 개념을 보여준다. 현실 세계에서 실제 물체를 관찰할 때는 그림 3-18의 왼쪽에서 보는 바와 같이 사용자의 각 눈의 수정체가 물체의 거리에 초점을 맞추고 사용자의 양 눈의 각도가 물체로 수렴하여, 양안 수렴(Vergence)와 단안 조절(Accommodation)이 모두 같은 거리에 반응한다. 그러나 양안 시차에만 의존하는 일반적인 3차원 디스플레이에서는 다양한 방법으로 사용자의 왼쪽 눈과 오른쪽 눈이 서로 다른 영상, 즉 양안 시차를 가진 영상을 보도록 한다. 따라서 양안 수렴은 양안 시차 영상이 지정하는 거리로 반응하며, 사용자는 실제 입체감을 느끼게 된다. 그러나 각각의 눈이 실제로 보고 있는 영상은 디스플레이면에 표시된 2차원 영상일 뿐이므로 사용자 눈의 수정체는 망막에 가장 높은 선명도로 상을 맺기 위하여 디스플레이면에 초점을 맞추게 된다. 즉, 단안 조절(Accommodation)과 양안 수렴(Vergence)이 서로 다른 거리에 반응하게 되며, 이는 사용자의 뇌에 서로 일치하지 않는

정보를 보낸다. 이와 같은 정보의 불일치는 일반적으로 사용자가 영상을 부자연스럽게 인지하게 하고, 특히 장시간 사용시 피로감과 멀미를 유발하기도 한다 [13]. HMD에서는 그 구조상 사용자의 양안에 별개의 디스플레이 패널을 사용하기 때문에 양안 시차를 구현하는 것이 매우 용이하고 따라서 많은 AR/VR/MR HMD들은 입체 영상을 표시한다. 그러나 각 눈이 보는 영상은 여전히 고정된 거리에 형성된 2차원 허상 영상이며 따라서 VAC 문제와 그에 따른 부작용을 지닌다. 후술하는 바와 같이 최근의 AR/VR/MR HMD 연구에서는 이러한 VAC 문제를 해소하기 위한 다양한 기법들을 개발하고 있다.

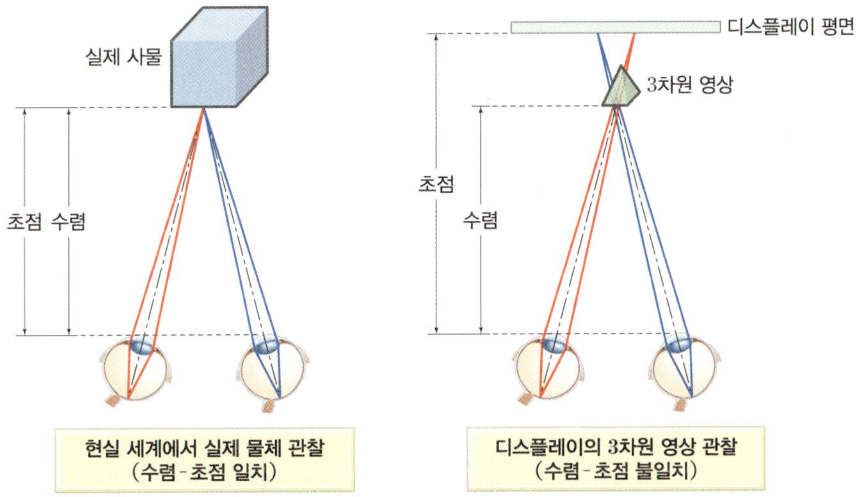

▲ **그림 3-18.** 수렴 초점 불일치 (VAC) 개념

CHAPTER

4 AR/VR 디스플레이의 구조적 구분 및 원리

4.1 VR 광학계

1 VR 디스플레이 시장

VR 디스플레이를 통해 사용자는 기존의 평판 디스플레이에서 얻지 못하는 보다 생생한 경험을 할 수 있다. 움직임에 따라 반응하는 화면이나 시스템의 밀폐된 시야로 인하여 사용자는 실제 그 공간에 존재하는 듯 착각하게 된다. 특히 VR 헤드셋의 큰 화면과 넓은 시야각은 사용자가 가상환경에 쉽게 몰입하는 것을 도와준다. 사람 두 눈에 각기 다른 영상을 넣어주어 입체를 보여주는 기술은 오래전부터 있었으나 과거에는 디스플레이의 화질이 고해상도로 구현되기 어려워 널리 활용되지는 못하였다. 그러나 점차 패널 기술이 발전하고 관련 하드웨어 및 소프트웨어 기술 수준이 향상되어 VR 기술이 재조명 받고 있다.

기존의 디스플레이와 차별화된 뛰어난 몰입감으로 VR 디스플레이는 다양한 분야에 적용되고 있다. 현재는 엔터테인먼트 시장에서 VR 헤드셋이 가장 활발히 사용된다. 테마파크를 가거나 지역 축제를 가보면 여러 가지 종류의 체험형 VR이 사람들의 눈길을 끈다. 상상할 수 없는 높이의 롤러코스터를 타거나 지금은 소실된 문화재를 둘러보는 것과 같은 일들을 VR 디스플레이를 통한 가상 환경에서 체험할 수 있다. 앞으로는 그림 4-1처럼 교육 및 의료, 공학 등 가상의 환경이 필요한 다양한 산업과 연계하여 고부가가치를 창출할 것으로 전망된다.

VR 디스플레이가 제공하는 가상 현실은 다양한 요소들이 복합적으로 작용하여 구현된다. 대표적으로 컴퓨터로 시뮬레이션 되는 가상 환경과 이를 실제와 같도록 연결해주는 인터페이스, 그리고 이를 받아들이는 사람의 인지 과정이 있으며 이들을 조화롭게 제공할 때 사용자는 보다 현실감있는 체험을 할 수 있다. 과거 1인 극장과 같은 수동적인 체험에서 가상 환경과 상호 작용하는 방향으로 VR 컨텐츠가 발전해가고 있다. 이에 따라 기기의 외부 센서 및 시스템 처리 속도와 같은 성능의 중요성이 더욱 부각되었다. 양방향 상호 작용을 실시간으로 처리하기 위해서는 높은 성능의 컴퓨터가 요구된다. 사용자의 행동을 빠르게 확인하고 이에 맞는 고해상도의 영상을 제공해주는 과정이 사람이 인지하기 어려운 짧은 시간 동안 (10 ~ 20ms, [1]) 이루어져야 하기 때문이다. 또한, 사용자의 다양한 동작을 검출하기 위해서는 컨트롤러와 같은 추가적인 장치들이 필요해진다.

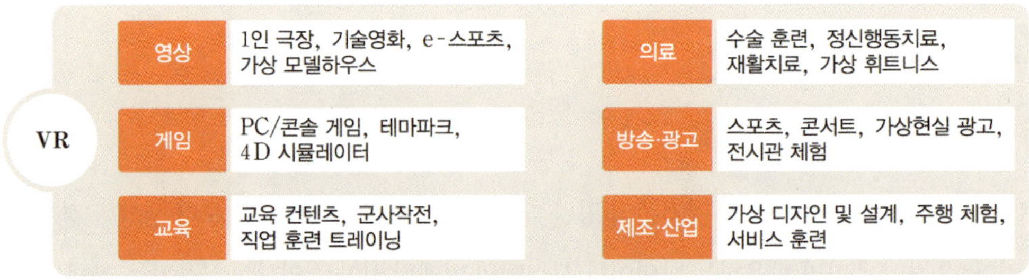

▲ **그림 4-1.** VR 기술의 산업 응용

모델병	Oculus Rift S	HTC Vive pro	Playstation VR	Valve Index
VR 시스템	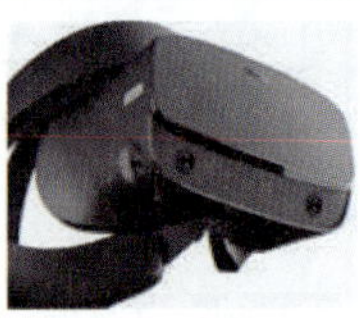			
시야각	95	110	100	130
해상도	2560×1440	2880×1600	1920×1080	2880×1600
구동속도	80 Hz	90 Hz	120 Hz	144 Hz
상호작용 인터페이스			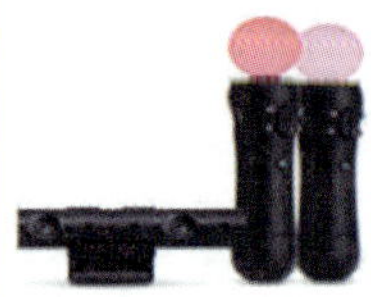	
디스플레이	LCD	AMOLED	OLED	LCD

▲ **그림 4-2.** PC 기반의 상용화된 VR 시스템 제품

그림 4-2는 PC를 기반으로 한 VR 헤드셋과 컨트롤러를 나타낸다. 이러한 제품들은 외부 컴퓨팅 장치와 동작 감지용 센서 및 컨트롤러, 그리고 이를 연결할 케이블이 필요해 쉬이 접근하기 어려운 단점이 있다. 그 때문에 성능은 다소 부족하더라도 독립으로 구동할 수 있는 VR 헤드셋에 대한 수요도 활발하다. 예를 들어 모바일의 디스플레이가 QHD 이상의 고해상도로 출시됨에 따라 이를 VR 디스플레이로 사용하는 방식은 VR 헤드셋의 가격을 낮추고 접근성을 높인다 [2]. 특히 5G 시대에 들어서 낮은 지연으로 실시간의 영상 및 데이터 전송이 가능해짐에 따라 향후 무선 스트리밍 방식의 VR 헤드셋이 큰 기대를 받고 있다.

현재 출시된 VR 디스플레이는 FHD 이상의 높은 해상도를 가지고 있지만, 아직 패널의 해상도가 충분치 않다. 미국의 반도체 제조회사 AMD에 따르면 눈의 해상력에 해당하는 16K를 VR기기의 최종 목표로 선정하였다. 이는 시판 중인 VR 기기의 성능을 웃도는 것으로, 패널의 성능만 아니라 프로세싱 속도도 함께 발전되어야 한다. 이를 완화할 방법으로 사람의 해상력이 높은 영역에만 고해상도의 영상을 제공하는 연구도 진행 중이다. 사람의 시야는 중심시와 주변시로 이루어져 있는데 '중심와'라 불리는 망막의 작은 영역에서만 높은 해상력을 가지고 있다. 따라서 중심와 영역에서만 최대 화질을 유지하고 주변 부분은 유연하게 저화질로 제공한다면 사용자에게 고화질 영상을 제공하면서도 그래픽 연산 부하는 최소화할 수 있게 된다 [3].

VR 헤드셋의 소형/경량화 또한 큰 과제이다. 현재의 VR 헤드셋은 탑재된 디스플레이에서 제공하는 영상 정보를 눈으로부터 먼 거리에 위치시키기 위해 렌즈 광학계를 사용하여 구현되고 있다. 이때 렌즈와 디스플레이 간의 간격은 렌즈의 초점거리에 따라 달라지며, 일반적으로 수 cm 이상에 해당하여 이로 인해 VR 헤드셋의 크기가 커지는 문제가 있다. 크고 무거울수록 VR 헤드셋 사용 시 안정감이 저하되므로 이를 해소하기 위한 여러 가지 방법들이 도입되고 있다. 먼저 대부분의 기기는 무거운 렌즈 대신으로 프레넬 렌즈(Fresnel lens)를 사용하고 있다. 프레넬 렌즈는 렌즈의 곡률을 유지하면서 형태는 최소화한 광학 부품으로 VR 헤드셋의 무게 및 비용을 줄일 수 있다. 또한 크기를 줄이기 위한 팬케이크 렌즈(Pancake lenses)가 연구되고 있다. 이는 렌즈들의 편광 선택적 반사를 통해 광경로를 늘리는 방법으로 헤드셋을 보다 소형화 할 수 있다 [4].

2 VR 광학계 개요

시중에 출시된 대다수의 VR 헤드셋은 매우 간단한 광학계로 구성되어 있다. 그림 4-3처럼 VR 헤드셋의 광학계는 화면을 표시하기 위한 디스플레이 패널과, 디스플레이 화면을 확대하여 주는 렌즈로 구성되어 있다. 특히 그림 4-3(b) 에서 확인할 수 있듯이, VR 헤드셋은 입체적이고 몰입감 있는 재생 환경을 위해 좌안과 우안을 위한 동일한 구조의 두 광학계를 포함하고 있다. VR 광학계가 사람의 시야에 꽉 차는 화면을 재생하는 방법을 이해하고, 이를 분석하기 위해서는 먼저 볼록 렌즈를 활용한 결상 원리를 살펴볼 필요가 있다.

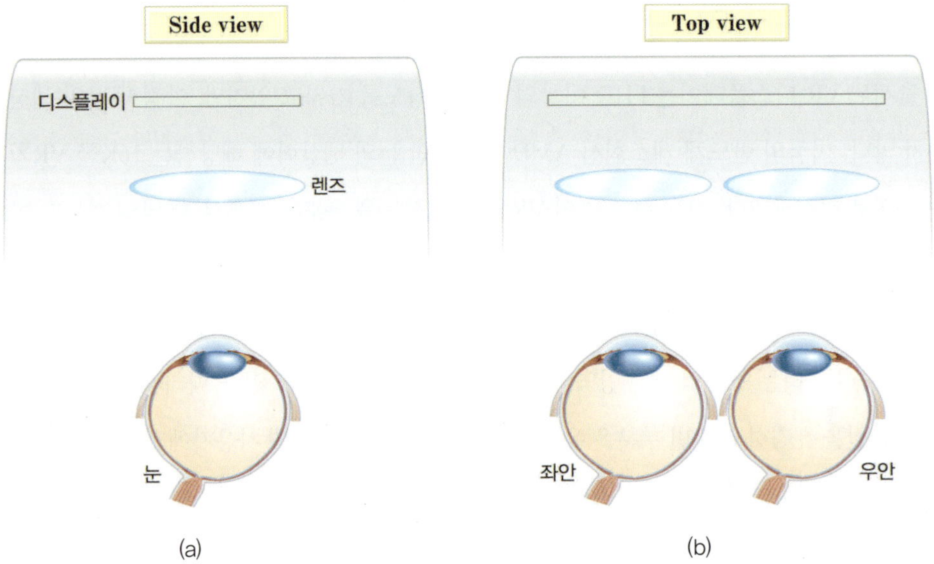

▲ **그림 4-3.** VR용 헤드셋 광학계의 (a) 측면도 (Side view) 및 (b) 평면도 (Top view)

❸ 볼록 렌즈를 활용한 결상 원리

볼록 렌즈는 빛의 굴절 원리를 이용하여 공간 상의 한 점으로부터 발산하는 빛을 다시 한 점으로 모아줄 수 있는데, 이를 활용하여 임의 의 물체의 실상 혹은 허상을 띄울 수 있다. 볼록 렌즈가 물체의 실상을 띄울 때의 원리는 그림 4-4와 같다. 이때 볼록 렌즈를 통한 결상 원리를 단순히 알아보기 위하여, 렌즈는 곡률에 비하여 두께가 매우 얇다고 가정한다. 빨간색의 화살표로 표시된 물체가 볼록 렌즈의 초점 거리 f 보다 더 멀리 떨어져 있을 때, 볼록 렌즈는 물체에 대한 실상을 맺히게 할 수 있다. 볼록 렌즈로부터 물체까지의 거리를 o, 실상까지의 거리를 i 라 할 경우, 이 둘 사이의 관계는 다음 수식으로 나타낼 수 있다.

$$\frac{1}{o}+\frac{1}{i}=\frac{1}{f} \tag{4.1}$$

볼록 렌즈를 통해 실상이 맺히는 현상은 위와 같은 수식뿐만 아니라, 물체로부터 발산되는 광선(light ray)들이 렌즈를 통해 어떻게 굴절되는 지를 그려보는 것으로도 확인할 수 있다. 물체로부터 렌즈로 평행하게 입사하는 광선 은 그림과 같이 광축(Optical axis) 상에서 물체로부터 초점 거리만큼 떨어진 지점을 지나도록 굴절된다. 또한 물체로부터 광축 상에서의 렌즈의 중심점으로 입사하는 광선은 거의 굴절되지 않고 그대로 렌즈를 통과하게 된다. 이 두 광선이 모이는 지점에 물체의 상이 맺히며, 실제 물체로부터의 빛이 물리적으로 집광되기 때문에 실상(Real image)이 맺히게 된다. 이때 그림 4-4에서 확인할 수 있듯이, 상이 물체에 비해 거꾸로 서 있는 형태로 맺히게 되기 때문에 이를 도립 실상이라 부른다. 이 도립 실상의 크기 h_i는 단순한 거리 비례 관계로부터 간단히 계산할 수 있는데, 이는 다음 수식과 같다.

$$h_i = h_o\frac{i}{o} \tag{4.2}$$

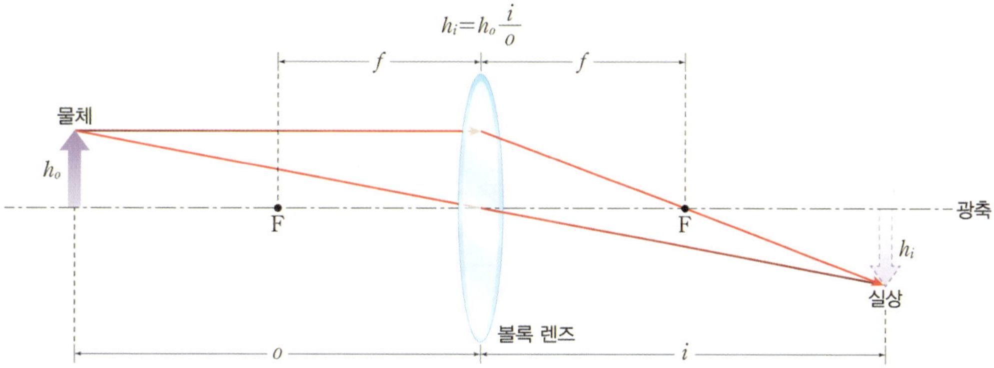

▲ **그림 4-4.** 볼록렌즈를 활용한 실상 맺음

이에 반해 물체가 광축 상에서 볼록 렌즈의 초점 거리보다 더 짧은 거리만큼 볼록 렌즈로부터 떨어져 있을 경우, 물체의 허상(Virtual image)이 맺히게 된다. 실상이 맺힐 때와 마찬가지로, 렌즈에 의해 허상이 맺히는 현상은 수식과 광선도를 통해 분석할 수 있다. 볼록 렌즈의 초점 거리를 , 렌즈로부터 물체까지의 거리를 f, 렌즈로부터 허상까지의 거리를 o라할 때, 이 세 거리 사이의 관계는 다음 수식과 같다.

$$\frac{1}{o}-\frac{1}{i}=\frac{1}{f} \tag{4.3}$$

위 수식은 실상이 맺힐 때의 수식에서 렌즈로부터 상까지의 거리를 음수로 지정하였을 때의 경우와 동일하다. 실상이 맺힐 때와 마찬가지로, 물체로부터의 광선도를 그려 허상의 위치와 크기를 짐작할 수 있다. 물체로부터 광축과 평행하게 렌즈에 입사하는 광선은 광축 상에서 렌즈로부터 초점 거리만큼 떨어진 점을 지나도록 굴절된다. 또한 물체로부터 광축 상에서의 렌즈의 중심으로 입사하는 광선은 거의 굴절 없이 렌즈를 통과하게 된다. 하지만 실상이 맺힐 경우와 다르게 이 광선들이 물리적으로 한 점으로 모이질 않기 때문에 상은 가상의 형태로 맺히게 된다. 이는 그림 4-5에서 확인할 수 있듯이, 광축 상에서 허상이 물체와 같은 방향으로 바르게 서 있는 형태로 맺힌다고 하여 정립허상이라고도 한다. 정립허상의 크기 h_o는 도립실상과 마찬가지로, 단순 비례 관계를 이용하여 다음 수식과 같이 계산할 수 있다.

$$h_i = h_0 \frac{i}{o} \tag{4.4}$$

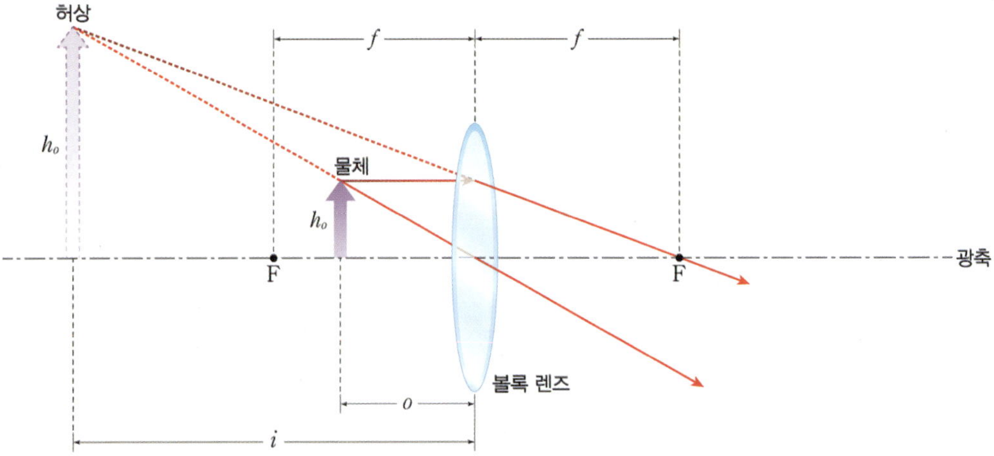

▲ **그림 4-5.** 볼록렌즈를 활용한 허상 맺음

④ VR 광학계 분석

VR 헤드셋의 광학계는 양안에 영상을 모두 표시하여 주기 위하여 같은 두 광학계의 세트로 이루어져 있으므로, 헤드셋의 측면도를 통해 단안용 광학계를 먼저 분석하는 것이 필요하다. 앞서 언급하였듯 VR 헤드셋의 광학계는 렌즈를 활용한 단순한 결상계로 생각할 수 있으며, 특히 디스플레이의 영상이 정립허상으로 맺혀 사용자의 눈에 확대된 영상이 들어오게 된다. 이때 VR 헤드셋의 결상계를 위해 사용되는 렌즈는 종종 Eyepiece라 불리기도 한다. 확대된 영상의 위치 d_i는 초점 거리가 f

인 렌즈를 사용하며 렌즈와 디스플레이가 d_d만큼 떨어져 있다고 가정했을 때 렌즈의 결상 공식에 의해 다음의 수식과 같이 계산할 수 있다.

$$d_i = \frac{f d_d}{f - d_d} \tag{4.5}$$

확대된 영상의 크기 h_i는 렌즈와 디스플레이 사이의 거리 관계에 의거하여 다음과 같이 계산할 수 있다.

$$h_i = h_d \frac{d_i}{d_d} = h_d \frac{f}{f - d_d} \tag{4.6}$$

이때 h_d는 디스플레이의 크기를 나타낸다. VR 광학계에서 중요한 설계 변수 중 하나는 영상의 화각(Field of view)인데, 이는 그림 4-6에서 확인할 수 있듯이 사용자의 눈과 디스플레이 렌즈 사이의 거리를 의미하는 Eye relief에 영향을 받는다. 영상의 화각 θ는 다음의 수식과 같이 정의할 수 있다.

$$\theta = 2\tan^{-1}\left(\frac{h_i}{2(d_e + d_i)}\right) \tag{4.7}$$

이때 d_e는 Eye relief를 의미하며, 이 거리가 짧아질수록 넓은 시야각을 확보하는 것이 가능하다. 하지만 VR 헤드셋을 착용하는 사용자 중 안경을 착용하는 사용자의 눈과 안경 사이의 거리도 고려하여 적정 거리가 확보될 수 있도록 설계해야 한다.

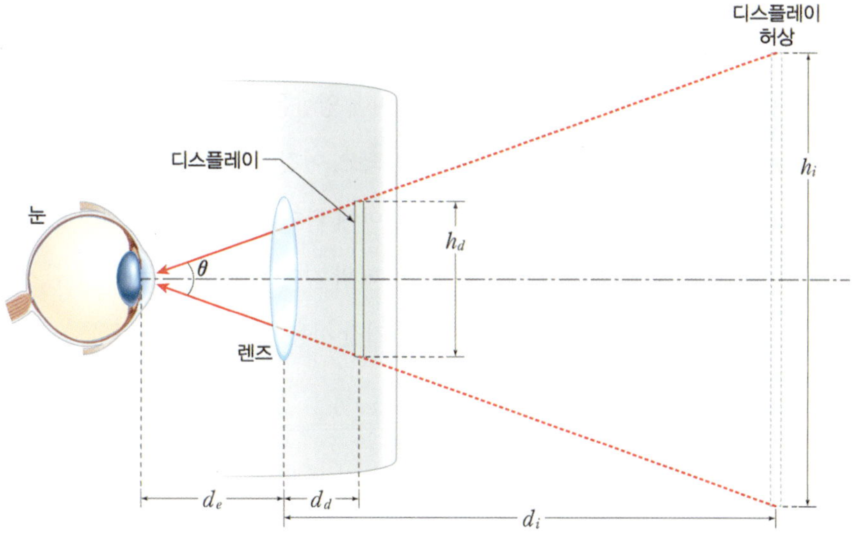

▲ **그림 4-6.** VR 광학계의 측면도

VR 헤드셋의 평면도를 분석하는 것으로 양안에 영상이 어떻게 사용자의 눈에 들어오는 지를 좀 더 자세히 이해할 수 있다. 디스플레이의 너비를 w_d라 할 때, 좌안과 우안에 들어오는 확대된 영상의 너비 w_i는 다음과 같이 계산할 수 있다.

$$w_i = w_d \frac{f}{f - d_d} \tag{4.8}$$

이때 사용자의 양안 사이의 거리 (Interpupillary distance, IPD) d_{ipd}는 사용자마다 다르며, 같은 사용자라도 가상 영상의 어느 부분을 시청하고 있는 지에 따라 달라질 수 있다. 이 거리는 VR 헤드셋에서 양 렌즈 사이의 거리를 물리적으로 조정하여 맞출 수 있으며, 맞춰지지 않을 경우 사용자로 하여금 시각적 피로도를 느끼게 할 수 있으며 사용자가 양안 영상을 정합하는 것이 어려워지고 정합된 영상의 퀄리티 또한 저하될 수 있다. 이는 양안 시차에 기인하는데, 양안 시차란 사람이 물체를 볼 때 양안에 들어오는 영상이 다른 정도를 의미한다. VR 헤드셋의 디스플레이에 표시할 영상을 렌더링할 때는 사용자로부터 영상이 떨어진 거리와 그에 따른 양안 시차를 고려해야 한다. 이때 양안 사어의 거리 및 양안의 위치가 VR 헤드셋의 렌즈 중심과 일치하지 않을 경우 사용자가 받아들이는 양안 시차와 의도된 양안 시차가 달라질 수 있으며, 이 경우 사용자로 하여금 양안 영상의 정합이 어려워지고 시각적 피로가 유발될 수 있다.

시중의 VR 헤드셋은 간단한 광학계로 넓은 시야각과 준수한 영상 해상도를 달성할 수 있는 반면, 이와 같은 단순한 양안 결상계를 장시간 사용할 시 양안 사이의 거리와는 별개로 사용자의 피로를 유발할 수 있다는 단점이 있다. 사람의 눈이 실제 세계에서 3차원 물체의 위치를 파악할 때, 양안 시차뿐만 아니라 눈의 렌즈인 수정체의 초점 상태도 인지에 영향을 미친다. 실제 세계를 관측할 시 이러한 양안 시차로부터 물체의 3차원 깊이 정보를 인지되고, 이것이 사람의 눈의 수정체의 초점 변화를 유도하게 된다. 하지만 VR 헤드셋은 오로지 한 깊이에 확대된 영상이 위치하고 있어 수정체는 그 영상에만 초점을 맺게 되고, 따라서 양안 시차로부터의 깊이 정보와 수정체의 초점 상태로부터의 깊이 정보에 차이가 생기게 되어 사용자는 이를 장기간 사용할 시 시각적 피로를 느끼게 되는 것이다.

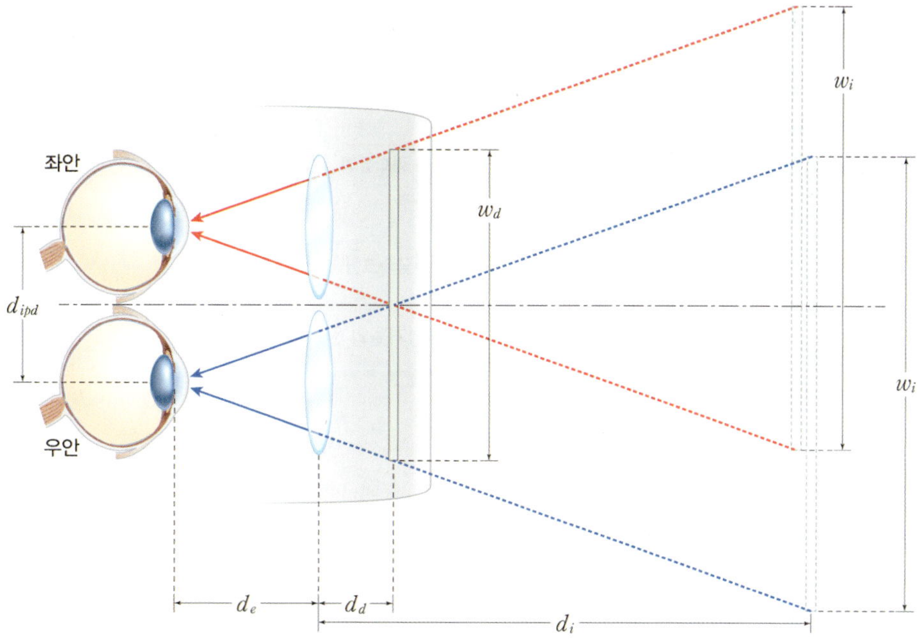

▲ **그림 4-7.** VR 광학계의 평면도

4.2 반사기반 AR 디스플레이

❶ 반투명거울을 이용한 AR 디스플레이의 개요

광학 투과 AR 디스플레이의 광학계를 구성하는 대표적인 방법으로는 반투명거울(half mirror)을 이용하는 방법이 있다. 반투명거울이란 유리에 특수한 금속 코팅을 하여 반사되는 빛과 투과되는 빛의 양을 조절할 수 있는 광학 소자로, 그림 4-8(a)와 같이 양쪽의 빛을 합치거나 한 쪽 방향으로 입사하는 빛을 두 방향으로 나눌 수 있다. 통상적으로 반투명거울에서 반사되는 빛과 투과하는 빛의 비율은 50:50으로 만들지만, 사용 목적에 따라 다른 금속 코팅을 적용하여 반사율을 조절한다. 반투명거울을 이용한 대표적인 디스플레이 응용 방법은 아이돌 콘서트 등에 사용되는 유사 홀로그램 장치이다. 무대 아래 숨겨진 디스플레이에 표시된 영상이 무대에 세워진 반투명거울에 비춰져, 무대 장치와 함께 관객들에게 보이게 되어 실제 아이돌이 무대 위에서 공연하는 것과 같은 착각을 불러일으킨다.

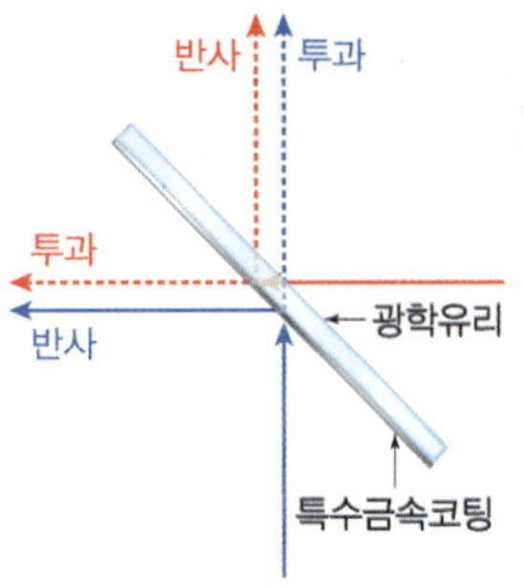

▲ **그림 4-8.** (a) 반투명거울의 원리

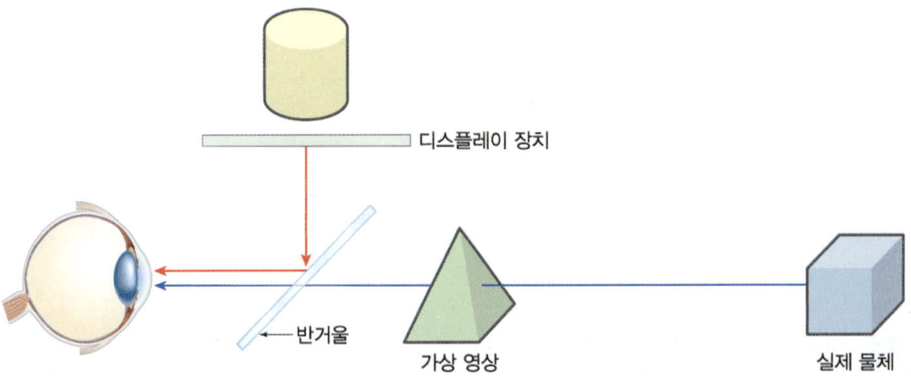

▲ **그림 4-9.** 반투명거울을 이용한 AR 디스플레이 장치

이러한 반투명거울 장치의 원리를 소형화한 것이 근안 AR 디스플레이 장치의 기본 원리이다. 그림 4-9와 같이 눈앞에 45도로 기울어진 반투명 거울에 마이크로 디스플레이 장치에 표시된 영상이 수직으로 입사 되어 반사된 영상이 사용자의 눈에 보이게 된다. 이때, 실제 물체에서 반사된 빛 또한 반투명거울을 투과하여 사용자에게 같이 보이기 때문에, 사용자는 디스플레이 장치와 실제 영상을 병합하여 볼 수 있다.

❷ 반투명거울을 이용한 AR 디스플레이의 구조

앞서 소개한 반투명거울을 이용한 AR 디스플레이의 경우 디스플레이와 거울, 눈과의 거리가 매우 짧기 때문에 디스플레이 된 영상이 눈 바로 앞에 위치한 것으로 보이게 된다. 따라서 눈 바로 앞에 실제 물체가 존재하지 않는 이상, 실제 물체와 디스플레이 된 영상을 한 눈에 볼 수 없는 문제가 발생한다. 실제로는 가까이 있는 디스플레이에 표시된 영상을 멀리 위치하게 하기 위해서는 렌즈의 성질을 이용할 수 있다. 그림 4-10과 같이 마이크로 디스플레이 앞 단에 렌즈의 초점 거리보다 가깝게 렌즈를 위치시키면, 디스플레이에 표시되는 상의 위치를 멀리 보낼 수 있게 된다.

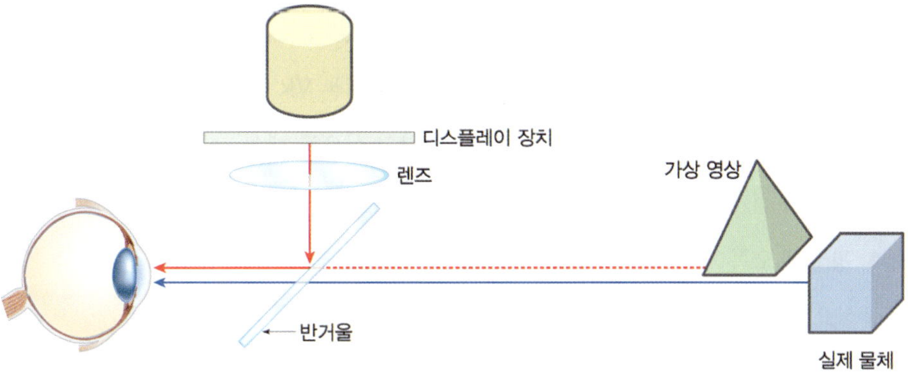

▲ **그림 4-10.** 렌즈를 이용하여 가상 영상의 깊이를 조절하는 원리

이와 광학적으로는 동일하지만, 렌즈를 보다 무게가 가벼운 오목 거울로 대체한 아래와 같은 구조가 실질적으로 AR 광학계를 구성하는 데 많이 사용된다. 그림 4-11은 반투명거울과 오목 거울을 사용한 AR 광학계를 나타내며, 새가 앉는 욕조와 비슷하게 생겼다고 하여 bird bath라고 부른다.

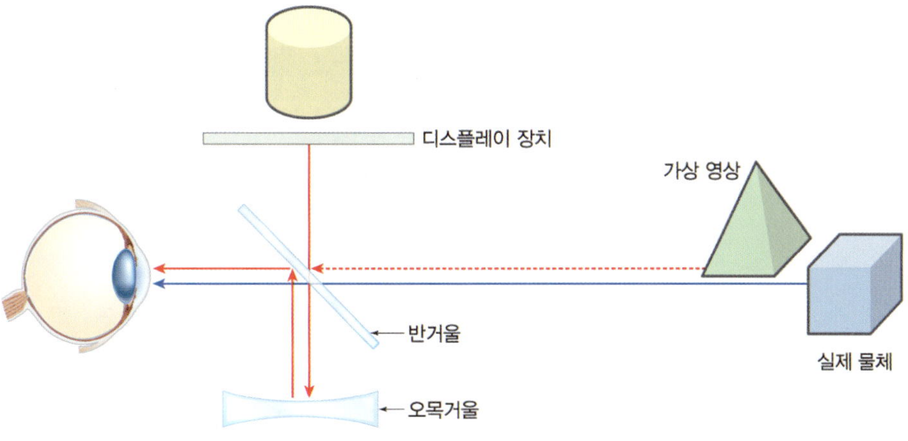

▲ **그림 4-11.** 오목거울을 이용한 birdbath 광학계

③ On-axis 반사형 광학계의 분석

앞서 살펴본 45도 기울어진 반투명 거울을 이용한 반사형 AR 광학계는 그림 4-12(a)에서 보는 바와 같이 반투명 거울을 삭제하고 광학계를 펼쳐, 디스플레이 패널과 볼록 렌즈, 혹은 디스플레이 패널과 오목 거울로 조합된 정축 (on-axis) 광학계로 생각할 수 있다. 펼친 광학계에서 볼록 렌즈와 디스플레이 패널의 조합은 그림 4-4에서 그림 4-6에서 이미 살펴본 VR 광학계와 실질적으로 동일하다. 오목 거울과 디스플레이 패널의 조합의 경우도 동일한 방식으로 해석 가능하다. 그림 4-12(b)와 같이 오목 거울의 초점거리(f) 안쪽에 물체가 위치할 경우, 물체의 한 점에서 출발하는 광선 중 광축에 평행한 광선은 오목 거울에 의해 반사된 후 오목거울의 초점을 지난다. 동일한 물체점에서 오목 거울의 중심으로 향하는 광선은 반사된 후 광축 대비 같은 각도를 유지한다. 이 두 개의 반사 광선을 연장한 선은 오목 거울 뒤쪽의 한 점에서 만나며 이는 물체점의 허상이 된다. 물체 거리 (o)와 허상 거리 (i)의 관계는 식(4.3)와 동일하며, 물체 높이(h_o)와 허상 높이(h_i)의 관계 역시 식 (4.4)와 같이 주어진다. 따라서 그림 4-12(c)와 같이 크기 h_d인 디스플레이 패널이 오목 거울로부터 d_d 거리에 위치한 경우, 디스플레이 패널의 확대된 허상은 아래와 같은 관계를 만족하며 생성된다.

$$\frac{1}{d_d} - \frac{1}{d_i} = \frac{1}{f}, \quad h_i = \frac{d_i}{d_d} h_d \tag{4.9}$$

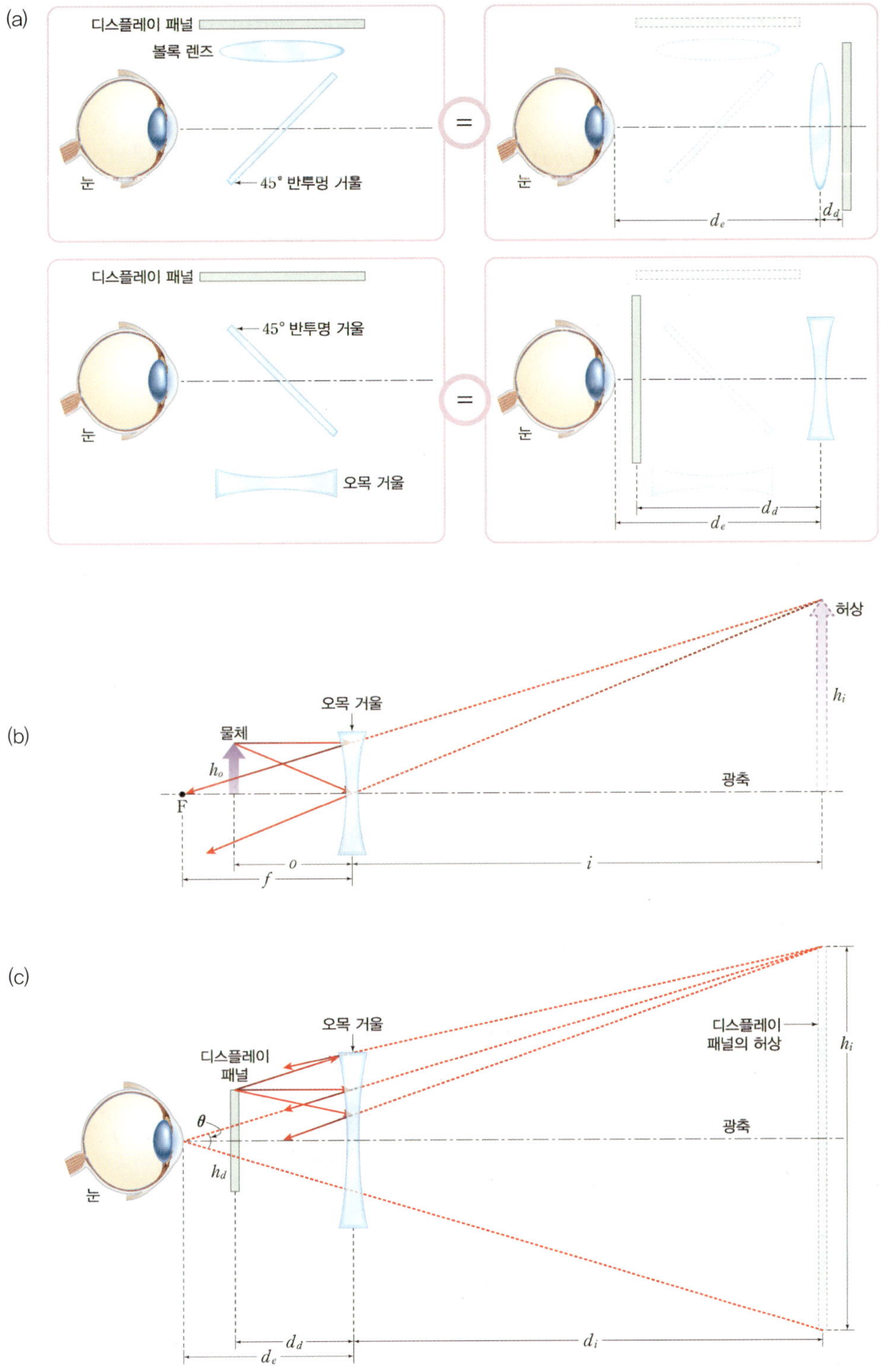

▲ **그림 4-12.** On-axis 반사형 광학계. (a) 등가성, (b) 오목 거울의 허상 결상 원리, (c) 오목 거울 on-axis 반사형 광학계의 FOV

이때, 화각 FOV는 확대된 디스플레이의 양 끝에서 나온 광선이 이루는 각도가 되어 아래 식과 같이 표현할 수 있다.

$$FOV = \tan^{-1}\left(\frac{h_i}{d_e + d_i}\right) \tag{4.10}$$

통상적으로 아이릴리프 de는 수 cm 단위, 영상 거리 di는 수 m 단위 이므로 이 조건하에서 위 식을 간략히

$$FOV \approx \tan^{-1}\left(\frac{h_i}{d_i}\right) = \tan^{-1}\left(\frac{h_d}{d_d}\right) \tag{4.11}$$

와 같이 표현할 수 있다.

4 On-axis 반사형 광학계의 trade-off 에 따른 제품의 형태

반사형 AR글라스의 단점으로는 대각선으로 위치한 반투명거울의 모양으로 인하여 더 큰 FOV를 가지기 위해서는 디스플레이의 크기 hd가 커질수록 그 부피 또한 증가하는 데에 있다. 이러한 trade-off 관계로 인하여 on-axis 반사형 증강현실 디스플레이는 크게 부피를 크게 하는 대신 큰 FOV를 구현하는 몰입형 양안식 디스플레이와 FOV를 희생하는 대신 작은 부피를 갖게 하는 소형 단안식 디스플레이 (Google Glass, [5]) 로 나눌 수 있다.

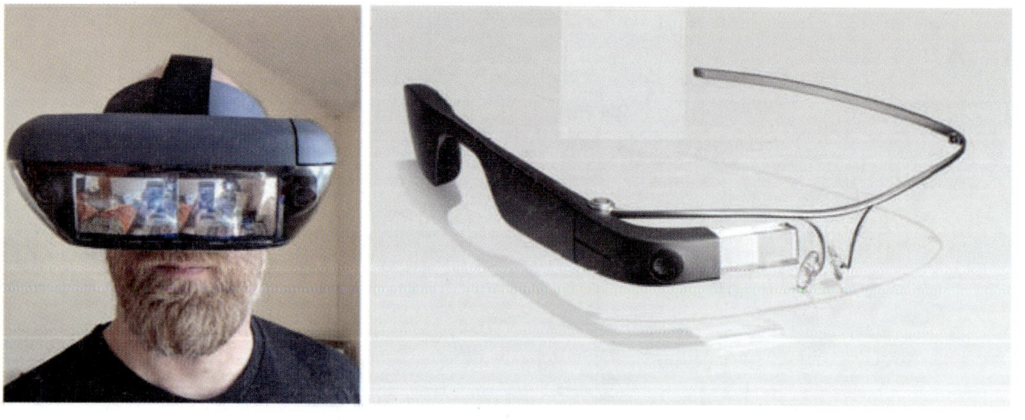

▲ **그림 4-13.** 몰입형 양안식 디스플레이 [6] 및 소형 단안식 디스플레이 [5] 의 대표적인 예

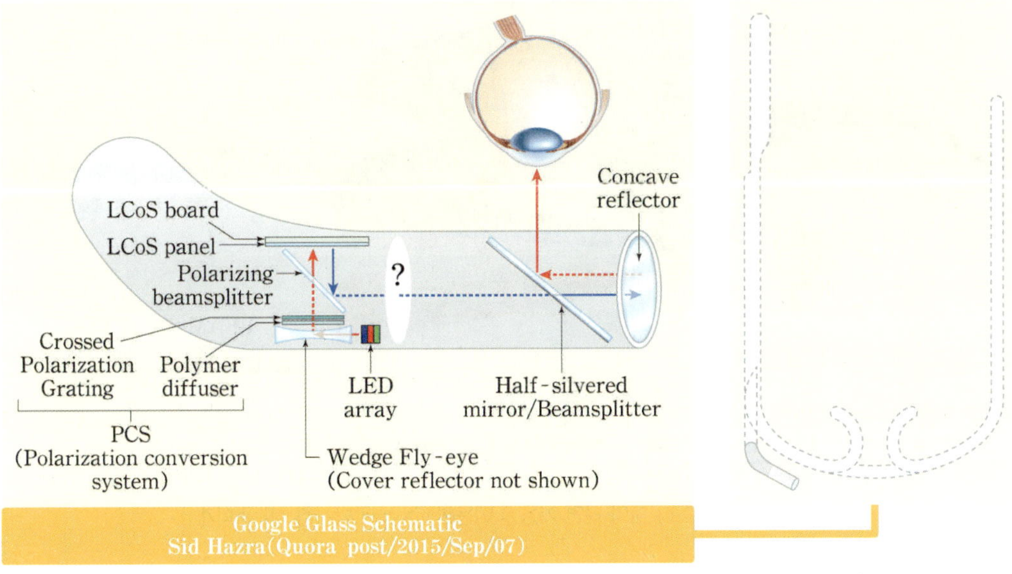

▲ **그림 4-14.** Birdbath 구조를 이용한 소형 단안식 디스플레이의 설계

몰입형 양안식 디스플레이 및 소형 단안식 디스플레이 모두 그림 4-11과 같은 birdbath 설계를 바탕으로 구현된다. 그림 4-14는 birdbath 구조를 이용한 소형 단안식 디스플레이의 대표적인 설계도이다. 광학계의 소형화를 위하여 별도의 곡면 거울 대신 프리즘을 곡면 가공하여 코팅하는 방식을 이용하였으며, 마이크로 디스플레이를 측면에 매립하여 외부 시야를 방해하지 않도록 하였다. 마이크로 디스플레이로는 LCoS (Liquid crystal on silicon) 또는 마이크로 OLED 패널, OLEDoS (Organic light emitting diode on silicone)이 주로 이용된다. LCoS 패널의 경우 외부 광원이 추가적으로 필요하다는 단점이 있으며, OLEDoS 패널의 경우는 주광 하에서 사용하기 위한 높은 휘도를 구현하는 데는 아직 연구 개발이 필요하다는 제한점이 있다.

⑤ Off-axis 반사형 광학계의 분석

위에 상술한 바와 같이 birdbath와 같은 on-axis 반사형 광학계는 FOV가 커질수록 그 부피가 매우 커진다는 단점이 있다. 이를 보완하기 위하여 여러 개의 곡면 거울 또는 자유곡면 (freeform) 광학계 등을 이용한 off-axis 반사형 광학계를 이용한 AR 디스플레이가 최근 대두되고 있다.

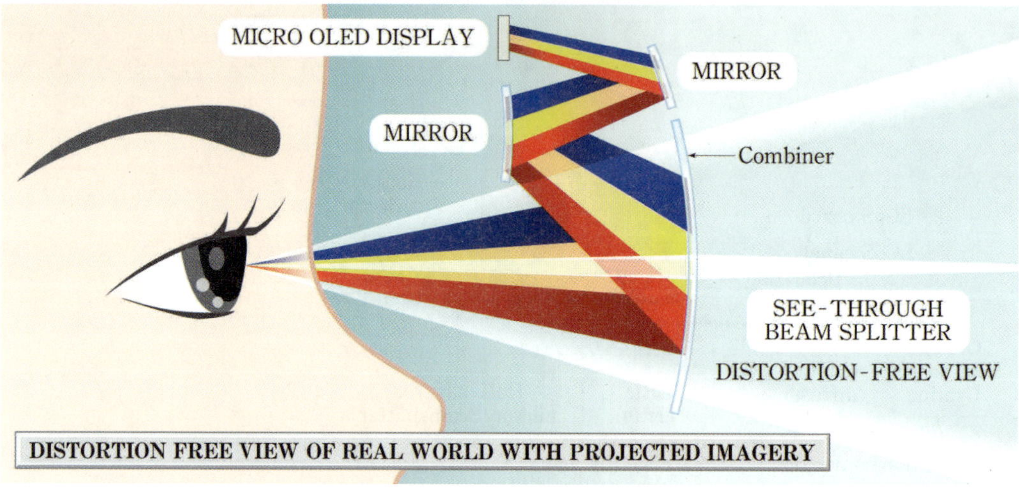

▲ **그림 4-15.** 여러 개의 곡면 거울을 이용한 off-axis 반사형 AR 광학계

그림 4-15와 같이 디스플레이에서 출발한 여러 개의 비스듬히 진행하는 광선의 경로에 적절히 거울을 배치하면 기존의 birdbath 구조보다 더 작은 두께로 보다 큰 FOV를 얻을 수 있다. Off-axis 반사형 광학계의 가장 큰 단점으로는 사입사로 인한 광학계의 수차가 매우 크게 발생한다는 것이다. 이를 보정하기 위하여 최근 자유곡면 광학계를 이용하여 수차를 보정한 그림 4-16(a) 와 같은 구조의 AR 디스플레이들이 출시되고 있다 (LENOVO DaystAR [7], NED Glass X2).

마이크로 디스플레이로부터 나온 광선은 광학 표면 s4를 통해 입사하여 s2에서 전반사 된다. 이 때 반거울 코팅된 s3에서 광선은 반사되어 사람의 눈에 들어오게 되고, 앞에 덧붙인 프리즘을 통해 외부 환경 또한 왜곡 없이 사람의 눈에 들어오게 된다. 각각의 모든 표면은 자유 곡면으로 설계되어 사입사로 인한 상의 왜곡 및 수차를 모두 보정 할 수 있어 깨끗한 이미지를 관찰할 수 있다. 이와 같이 Off-axis 자유 곡면 광학계를 이용하여 반사형 광학계의 단점을 많이 상쇄할 수 있으나, 높은 자유 곡면 광학계의 제조 비용 및 여전히 큰 광학계의 부피 등은 단점으로 남아 있다.

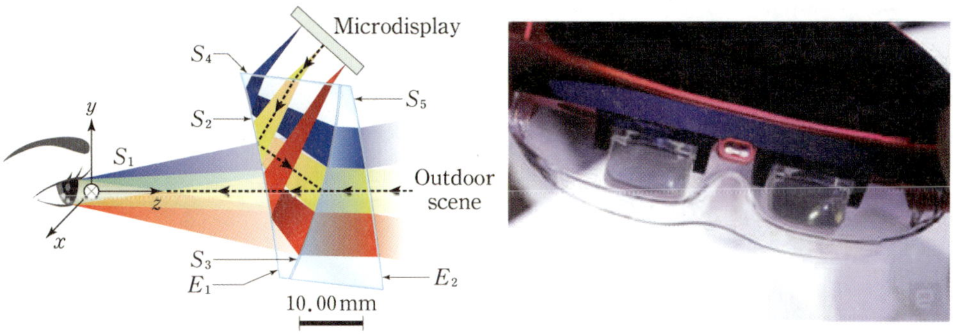

(a) (b)

▲ **그림 4-16.** (a) 자유 곡면 광학계를 이용한 AR 광학계 및 (b) 이를 이용한 AR 디스플레이 제품 (lenovo DaystAR)

자유 곡면 광학계 (Freeform optics)

자유 곡면 광학계는 기존의 대칭적인 구면 광학계 또는 비구면 광학계와는 달리, 한 개 이상의 축에 대하여 회전 대칭성(rotational symmetry)과 병진 대칭성(translational symmetry)을 가지지 않는 면을 갖는 광학계를 의미한다. 자유 곡면 광학계는 이론상으로는 기존 광학기구 제작의 한계를 벗어나 곡면을 자유롭게 설계할 수 있지만, 그 공정이 사실상 불가능한 단점이 있었다. 하지만, 최근 diamond turning을 이용한 미세 가공 기술의 발달로 점차 그 응용이 확대되고 있다. 자유 곡면 광학계를 이용하면 광학 수차가 없으면서도 자유도가 높은 광학계를 설계할 수 있다는 장점이 있다. 이를 이용하여 왜곡 없는 사입사 전반사 곡면 등이 필요한 증강현실 광학계에도 적용이 되고 있다. 자유 곡면 광학계의 설계에는 광학 기구의 수차를 직교하는 다항식으로 표현한 제르니케 다항식(Zernike polynomials) 이 이용된다. 구면 수차, 혜성형 수차, 비점 수차 등의 광학 수차를 제르니케 다항식을 이용하여 효율적으로 표현 및 보정할 수 있다.

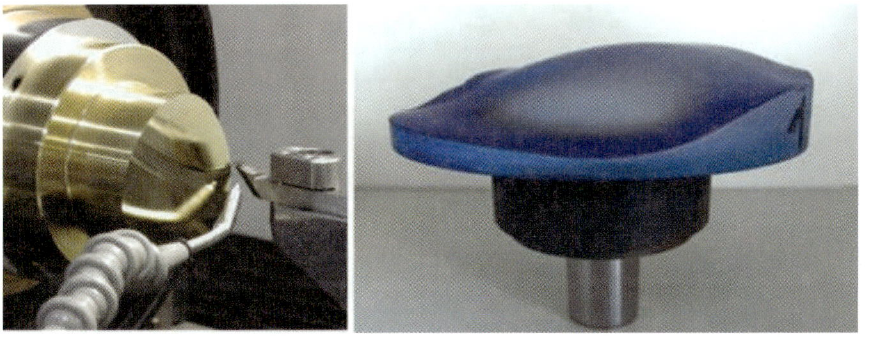

▲ **그림 4-17.** 자유 곡면 광학계 제작에 사용되는 diamond turning 장비 및 가공된 자유 곡면 광학계의 예시

제르니케 다항식 (Zernike polynomials)

광학 시스템에서는 여러 요인으로 인해 수차가 발생하며, 이를 수식으로 해석할 필요가 있다. 일반적으로 렌즈와 같은 광학 소자는 그 모양이 원형이므로, 단위원 상에서 서로 직교하는 다항식의 선형 조합으로 그 시스템의 광학 수차를 표현할 수 있다. 이때 이용되는 다항식이 제르니케 다항식이며 아래와 같은 식으로 주어진다.

$$Z^{m_n}(\rho,\varphi)=\begin{cases}R^{m_n}(\rho)\cos(m\varphi) & m\geq 0\\ R^{|m|_n}(\rho)\sin(|m|\varphi) & m<0\end{cases} \tag{4.12}$$

$$R^{m_n}(\rho)=\sum_{k=0}^{\frac{n-m}{2}}\frac{(-1)^k(n-k)!}{k!\left(\frac{n+m}{2}-k\right)!\left(\frac{n-m}{2}-k\right)!}\rho^{n-2k} \tag{4.13}$$

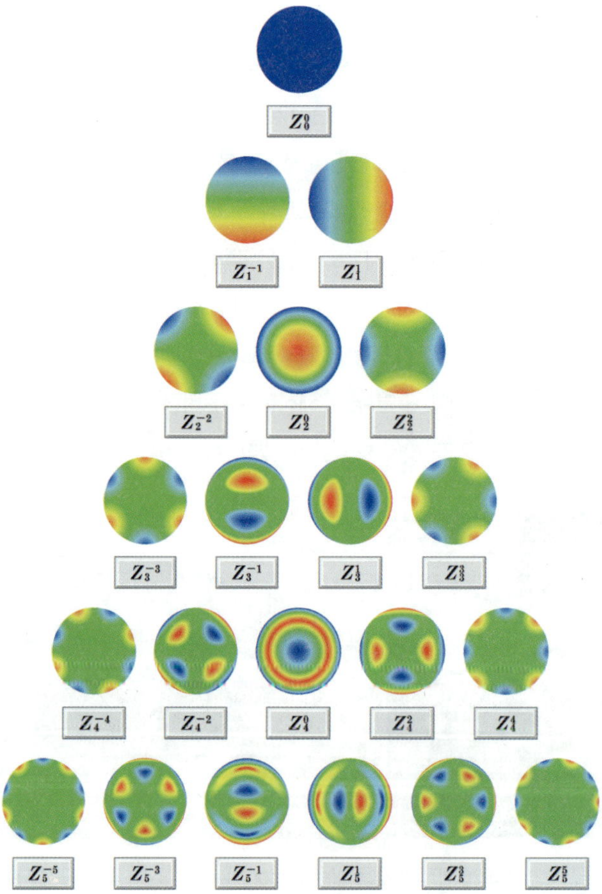

▲ **그림 4-18.** 제르니케 다항식의 개형

제르니케 다항식의 초기항 몇 가지는 대표적인 광학 수차를 나타낸다. 예를 들어, Z_1^1 항과 Z_1^{-1} 항은 좌우 기울어짐, Z_2^2 항과 Z_2^{-2} 항은 비점수차, Z_4^0 항은 구면 수차를 표현한다. 이와 같은 항의 선형 결합으로 광학 수차를 표현한 뒤, 각각의 제르니케 항을 상쇄시키도록 보정할 수 있다.

4.3 Waveguide AR 디스플레이

1 Waveguide AR 디스플레이의 개요

앞 장에서 설명한 반사형 광학계는 시청자의 눈 앞에 큰 부피 및 무게를 차지하는 Optical Combiner 때문에 실제 생활에서 장시간 착용 시 불편함을 느낄 수 있다는 문제점이 존재한다. 이러한 단점을 보완해줄 수 있는 다양한 기술 중 하나가 바로 웨이브가이드(waveguide) 방식이다. 웨이브가이드 방식은 빛의 전반사 원리를 이용하여 디스플레이 광원의 영상 정보를 얇은 도파로 기판을 통해 사용자 눈 앞까지 전달해주는 구조로, 도파로의 두께가 매우 얇아도 이론적으로 광 손실 없이 전달되는 특성을 이용하여 눈 앞에 놓인 광학계의 무게 및 부피를 혁신적으로 줄일 수 있다. 웨이브가이드 방식에 사용되는 Optical combiner들은 반사형 광학계와 비교하여 상대적으로 매우 얇은 형태의 반사체 및 회절 광학 소자를 사용한다. 이는 사용자 시야를 방해하는 광학계들을 최소한으로 줄일 수 있게 하여, 현실 세계를 볼 때 마치 눈 앞에 아무런 광학계도 없는 것과 같은 탁 트인 개방감을 제공한다. 이러한 폼팩터는 마치 안경을 착용하듯 자연스럽게 일상 생활에도 AR 기기를 사용할 수 있게 해주는 가능성을 제시해 준다는 커다란 이점이 있으며, 이러한 장점을 덕분에 유수의 AR관련 기업에서 웨이브가이드 방식으로 상용화 내지 시제품들을 출시하였다. 대표적으로 널리 알려진 Microsoft사의 Hololens, Magic Leap사의 Magic Leap One과 Two 제품을 예로 들 수 있다. 이러한 제품들의 외관을 살펴보면 통상적으로 안경에 비해 훨씬 크고 무거워 보이는 고글형 방식으로 구성되어 있다. 이는 실제 영상과 가상 영상의 적절한 혼합을 위한 다양한 카메라, 센서가 외곽에 부착되어 있으며, 고성능의 연산 엔진 및 배터리와 같은 비 광학적 요소들에 의해 부피가 커진 것이다. 이들을 제외한 광학 모듈 자체는 매우 얇은 것을 그림 4-19를 통해서 확인할 수 있다 [8]. 복잡한 비광학 요소들을 적절히 줄이면서, 적당한 성능을 제공해주는 Vuzix사의 Blade 제품과 같은 스마트안경 제품도 최근에 손쉽게 접할 수 있다 [9].

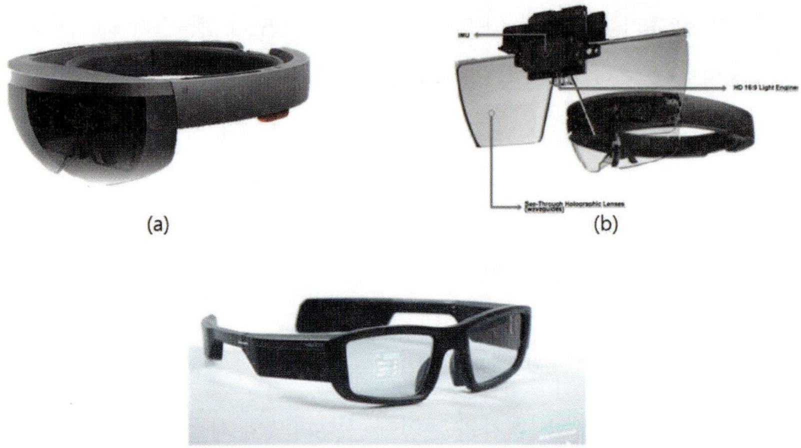

(a) (b) (c)

▲ **그림 4–19.** (a) Microsoft Hololens 제품, (b) Hololens 광학 모듈 구성도: 디스플레이 모듈(IMU) 및 웨이브가이드, (c) Vuzix Blade 제품

전반사의 원리

빛이 굴절률이 큰 매질에서 작은 매질 방향으로 입사할 때, 입사각이 특정 임계각보다 크게 되면 빛이 두 매질의 경계면에서 투과 성분 없이 모두 반사하는 현상을 전반사 현상이라 일컫는다. 빛의 입사각과 굴절각 관계는 스넬의 법칙에 의하여 구할 수 있으며, 매질 굴절률이 $n_1 > n_2$인 상황에서 입사각이 특정 각도가 되면 굴절각이 90도가 되어 그 이상의 입사각으로는 매질2로 투과될 수 없게 된다. 이때 굴절각이 90도가 되는 입사각 조건을 임계각 조건이라 하며, 스넬의 법칙에 의해 수식 (4.15)와 같이 주어진다.

$$\text{스넬의 법칙} : n_1 \sin\theta_1 = n_2 \sin\theta_2 \tag{4.14}$$

$$\text{임계각 조건} : n_1 \sin\theta_1 = n_2 \sin 90^\circ, \theta_1 = \arcsin\left(\frac{n_2}{n_1}\right) \tag{4.15}$$

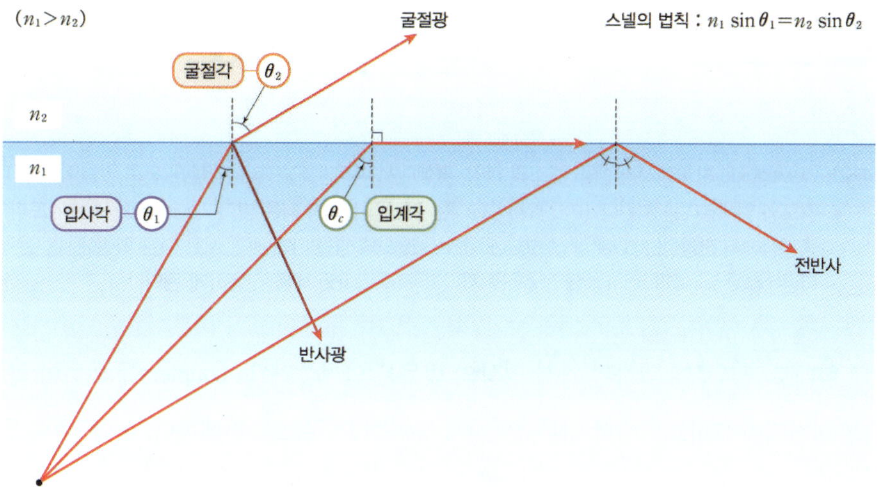

▲ **그림 4-20.** 스넬의 법칙과 서로 다른 두 매질에 의해 발생하는 전반사 현상

일반적으로 웨이브가이드 방식에서는 디스플레이 광원 앞에 시준 렌즈를 놓음으로써 공간적으로 서로 다른 위치에 배열되어 있는 픽셀 정보를 그에 해당하는 특정 각도 성분으로 치환해주게 된다. 즉, 다시 말해 도파관 내에서 특정 각도로 진행하는 빛은 그에 해당하는 특정 픽셀의 정보만을 담게 됨을 의미한다.

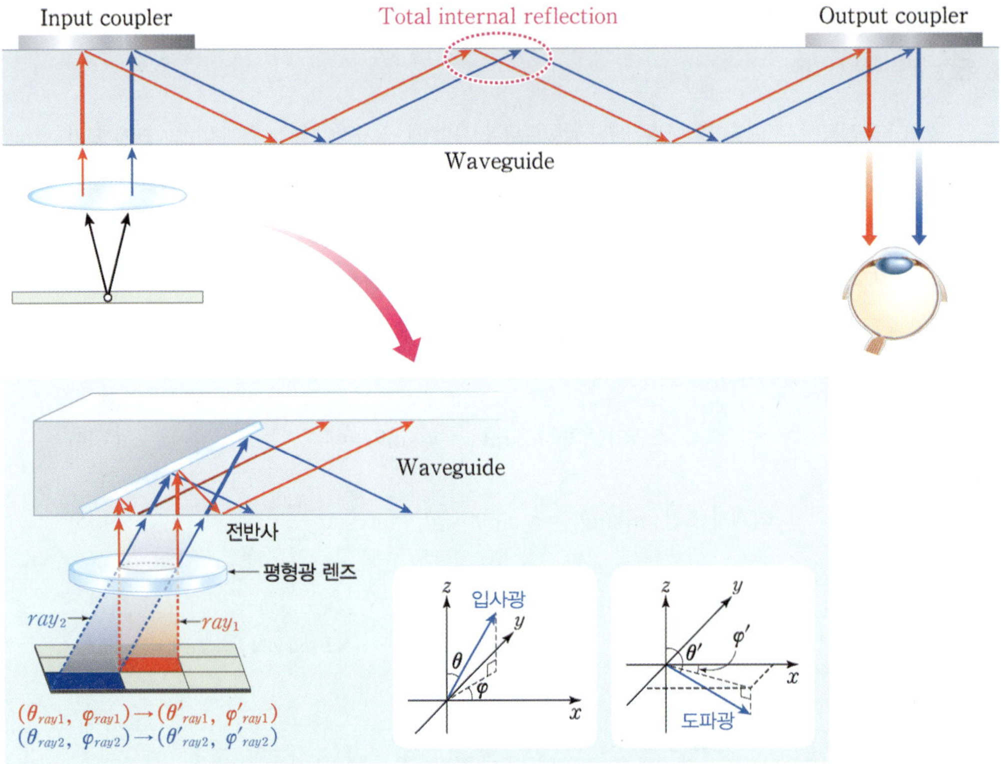

▲ **그림 4-21.** Waveguide 방식에서 평행광 렌즈의 역할. 픽셀에서 퍼져 나오는 빛을 평행광으로 만들어 서로 다른 진행 각도와 일대일대응 시킨다. (θ, φ)와 $)\theta', \varphi')$는 각각 픽셀에서 나온 빛과 waveguide 내에서 도파되는 빛이 공간상에서 진행하는 polar angle과 azimuthal angle의 쌍을 나타낸다. 서로 다른 픽셀에서 나온 빛은 서로 다른 polar angle과 azimuthal angle을 지니고 waveguide 내를 진행하게 된다

평행광의 형태로 도파로에 입사된 가상 영상의 빛들은 인커플러 (in-coupler)에 의하여 큰 각도로 반사 혹은 회절되어 도파로내에서 내부전반사를 통하여 눈 쪽으로 진행한다. 이와 같이 진행된 빛은 눈 앞의 아웃커플러 (out-coupler)를 만나며 다시 도파로에 수직에 가까운 각도로 꺽이며 도파로를 탈출하여 눈으로 출사된다. 눈으로 출사되는 빛은 본래 평행광의 도파로로의 입사각을 유지한 채 평행광의 형태로 출사되며, 사람 눈의 수정체 렌즈에 의해 하나의 점으로 모이게 되면서, 가상 영상이 이미징 된다. 이와 같은 원리에 의해 가상 영상의 초점 거리는 이론적으로 무한대(∞)에 위치하게 된다. 다만 일반적인 사람의 시력 상태 및 편안한 가상 영상 시청을 위해서 도파로 기판 전/후면에 초점 깊이 보정용 렌즈를 추가적으로 배치시킴으로써, 본래 무한대에 위치한 가상영상의 초점거리를 1~2 m 수준으로 조절시켜 준다 [8].

❷ Exit pupil expansion

웨이브가이드 방식은 얇은 도파로를 사용하므로 광학적인 두께가 매우 얇고 실제 안경과 비슷한 형태로 만들 수 있다는 장점 이외에, 사용자가 영상을 관측할 수 있는 아이박스를 화각(FoV)의 희생 없이 확장할 수 있다는 장점도 지닌다. 그림 4-22의 위에서 보는 바와 같이 단순한 웨이브가이드 구조에서 아이박스는 디스플레이 패널의 각 픽셀에서 출발하여 시준된 평행광의 폭에 의존적이다. 모든 픽셀별 평행광이 겹치는 영역에서 전체 화각 FoV를 볼 수 있으므로, 아이박스는 단일 픽셀 평행광의 폭보다 작게 형성된다. 그러나 일반적으로 웨이브가이드 방식에서는 그림 4-22의 아래에서 보는 바와 같은 아이박스 확장 기술을 채용할 수 있다. 즉, 웨이브가이드의 아웃커플러의 효율을 의도적으로 낮게 설계하여, 아웃커플러를 만난 개별 픽셀 평행광 중 일부만 눈 쪽으로 출사되고 나머지 빛은 그대로 도파로내를 전반사를 통해 진행하도록 한다. 이와 같이 진행한 빛은 내부 전반사 후 다시 한번 아웃커플러를 만나며 여기에서 다시 일부만 눈 쪽으로 출사되고 나머지는 다시 도파로를 진행한다. 이와 같은 과정으로 통하여 결국 하나의 디스플레이 픽셀에서 나온 평행광은 아웃커플러를 통해 나뉘어 확장된 폭을 갖고 눈 쪽으로 출사되어 결국 아이박스를 확장하게 된다. 이는 기본적인 웨이브가이드에서의 아이박스를 여러 위치에서 반복 생성하여 전체 아이박스를 확장하는 것으로 이해할 수 있으며 이를 Exit Pupil Expansion 기술이라고 부른다. 일반적인 광학계에서는 Etendue 보존 법칙에 의하여 영상 화각 FoV와 아이박스 사이에 Tradeoff 관계가 성립하므로 FoV를 유지한 채 아이박스를 확장하는 것이 불가능한데 반하여, 웨이브가이드 방식에서의 하나의 광선을 여러 개의 광선으로 나누는 기법을 통하여 이러한 FoV-아이박스 Tradeoff 관계를 극복하고, FoV를 유지한 채 아이박스를 확장할 수 있다. 이는 웨이브가이드 기법이 다른 AR 디스플레이 비하여 가지는 주요한 장점으로서 일반적인 웨이브가이드 방식 디스플레이에 널리 활용되고 있다.

웨이브가이드 방식에서 Exit Pupil Expansion은 수평방향으로만 아이박스를 확장하는 1D expansion과 수평 수직 방향으로 모두 아아박스를 확장하는 2D expansion 기법으로 나눌 수 있다. 그림 4-23에서 보는 바와 같이 2D expansion의 경우, 인커플러와 아웃커플러 사이에 하나의 광학소자를 추가하여 구현하는 것이 일반적이다.

한 가지 주의할 사실은 이와 같은 exit pupil expansion은 디스플레이 패널의 각 픽셀에서 나오는 빛을 평행광으로 시준한 경우, 즉, 가상 영상이 광학 무한대에 위치한 경우에만 적용 가능하다는 점이다. Exit pupil expansion에 의하여 눈으로 출사된 빛은 위치별로 도파로내에서 서로 다른 횟수의 내부 전반사를 경험하게 되며 따라서 서로 다른 광경로를 지닌다. 디스플레이 패널의 각 픽셀에서 나오는 빛이 평행광으로 시준되지 않은 경우 위치별 서로 다른 광경로는 시인되는 가상 영상의 겹침이나 깨어짐을 유발하므로 exit pupil expansion의 적용이 어렵다.

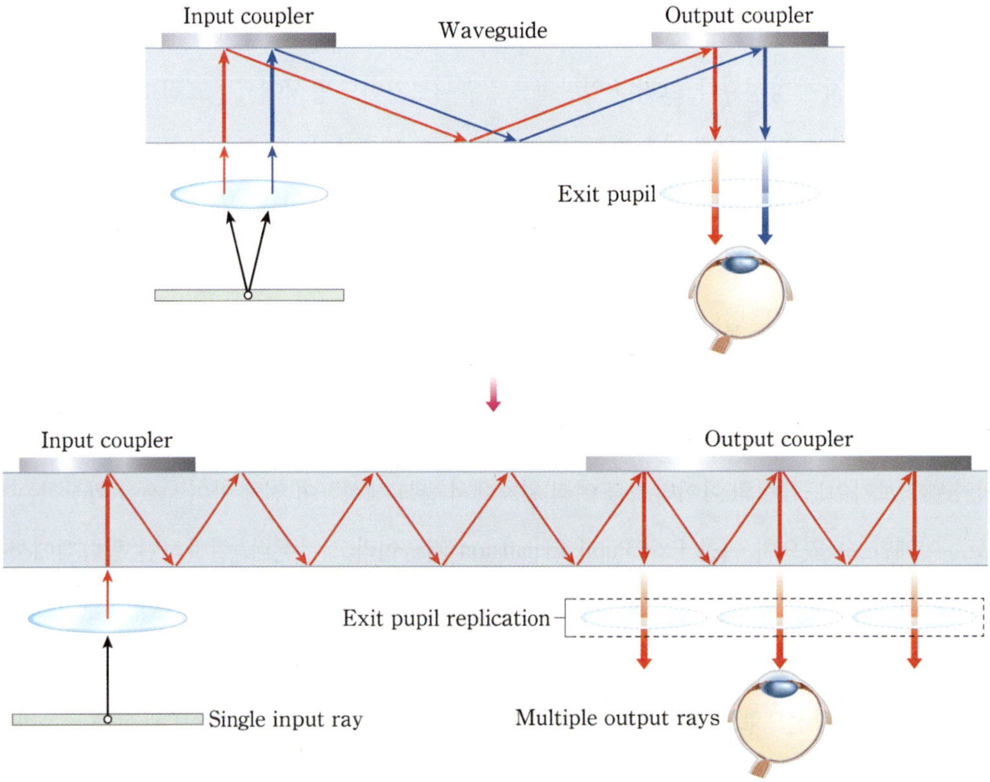

▲ **그림 4-22.** Exit pupil expansion의 개념

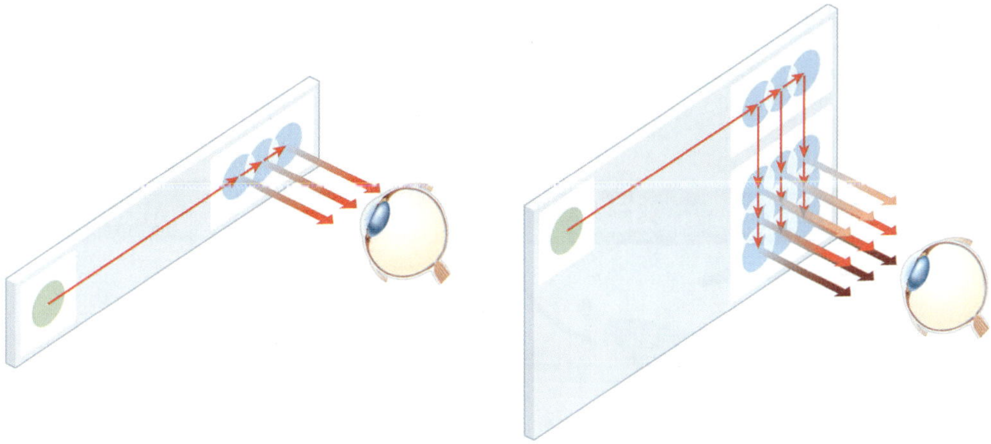

▲ **그림 4-23.** 1D와 2D Exit pupil expansion의 개념

③ 반사형 Waveguide AR 디스플레이의 구조

앞서 설명한 것과 같이 웨이브가이드 방식은 전반사 원리를 이용하므로 디스플레이 모듈로부터 입사하는 빛을 전반사 조건을 만족하는 각도로 전향시켜 주거나, 도파로를 따라 진행된 빛을 사용자 눈 쪽을 향해 출사되도록 빛의 방향을 전향시켜 줄 수 있는 커플러들이 필요하다. 웨이브가이드의 커플러는 작동 원리에 따라 크게 반사형 방식과 회절형 방식으로 나뉠 수 있으며, 광학적 원리도 서로 다르므로 구분해서 살펴볼 필요가 있다.

반사형 방식은 앞 장에서 설명한 반사형 광학계과 마찬가지로 도파로를 통해 전달된 빛을 거울 반사 원리를 이용하여 사용자 동공 방향으로 출사 시켜주는 형태로, 학술적인 용어로 'Geometrical waveguide' 방식이라고 흔히 일컫는다. 다른 waveguide구조에 적용되는 회절 광학 소자 (DOE), 홀로그램 광학 소자(HOE)에 빗대어 도광소자 (LOE, lightguide optical element), 또는 반사 광학 소자 (ROE, Refractive optical element)등으로 표현되기도 한다. 반사형 웨이브가이드 방식에서 사용되는 대표적인 커플러로는 단일 반거울 방식, 부분 반사 거울 어레이(partially reflective mirror array, PRMA), 미세 거울 어레이(microstructure mirror array, MMA)와 같은 세가지 방식으로 크게 구분할 수 있다.

먼저 단일 반거울 방식과 PRMA 방식의 구조를 비교해보면, 다음 그림 4-24와 같이 얇은 두께의 반거울이 도파로 기판 안에 한 개 또는 다수 개 배치되어 있는 형태로 외관 상 큰 차이가 없어 보인다.

해당 구조를 채택한 대표적인 제품으로는 단일 반거울 방식의 Epson사 Moverio 제품과 PRMA 방식의 Lumus사 모델을 예로 들 수 있다 [10, 11].

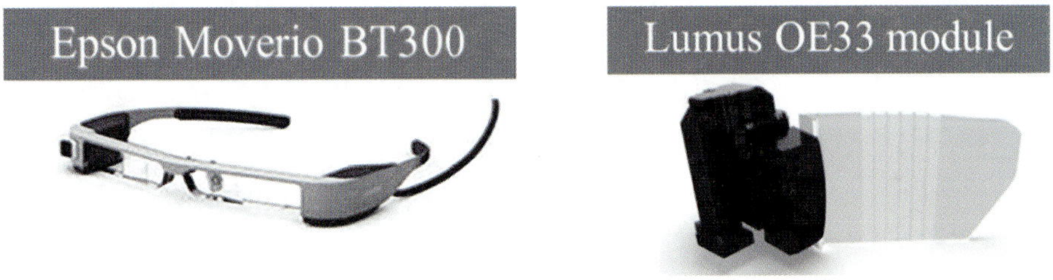

(a) (b)

▲ **그림 4-24.** (a) Epson Moverio BT300 제품, (b) Lumus 스마트안경용 광학 모듈

단일 반거울 방식과 PRMA 방식은 화각 및 아이박스 크기에서 분명한 차이를 보여준다. 단일 반거울만을 사용하였을 경우, 앞 장에서 소개된 반사형 광학계 구조와 도파로 기판이 추가된 형태로 동일하게 취급할 수 있다. 만약 다음 그림과 같이 도파로 기판의 두께와 동일한 너비의 부분 반사 거울을 하나만 사용할 경우, 화각은 다음 수식 (4.17)와 같이 정의된다 [12].

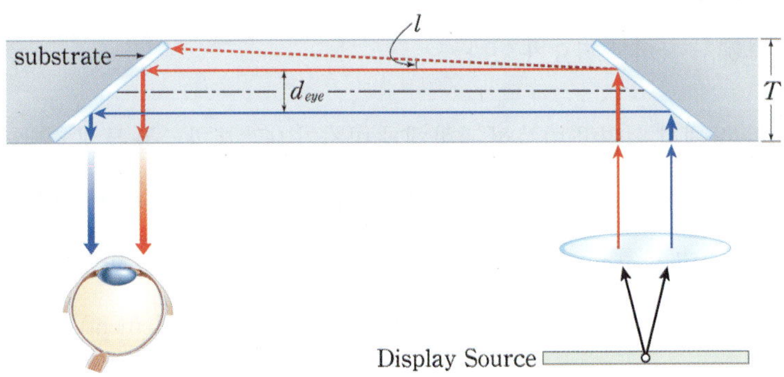

▲ **그림 4-25.** 단일 부분 반사 거울(반거울)을 적용한 웨이브가이드 방식

$$\alpha_{\max} = \arctan\left(\frac{T - d_{cyc}}{2l}\right) \tag{4.16}$$

$$FoV_{\max} \approx 2n_g\alpha_{\max} \tag{4.17}$$

여기서 T는 도파로의 두께, d_{eye}는 출사동의 크기, l은 도파로의 길이, n_g는 도파로 기판의 굴절률을 의미하며, 이를 통해 수식 (4.16)과 같이 계산된 $\alpha_{\max}$ 값은 도파로 내에서 허용되는 최대 사입사

각도이다. 이를 이용하여 바로 시야각을 계산할 수 있다. 일반적으로 도파로의 굴절률은 1.5 수준이며, 출사동의 크기는 사람 눈의 동공 크기보다 커야 적절한 아이박스를 확보할 수 있으므로 8 mm 이상으로 설계하는 것이 바람직하다. 도파로의 길이 또한 평균적인 머리 크기를 고려하였을 경우, 4~6 cm 정도가 적당하다. 위와 같은 일반적인 경우, 화각 10도를 만족하기 위해서는 가이드의 두께가 대략 14 mm 정도가 되어야 하며, 자연스러운 증강현실 환경을 제공하기 위하여 요구되는 화각 30도를 만족하기 위해서는 25 mm 이상이 되어야 한다 [13]. 이와 같은 경우 도파로 기판이 매우 두껍고 무거워지므로 웨이브가이드 방식의 장점을 살릴 수 없는 조건이다. 아이박스도 출사동의 크기 수준으로 제한된다. 이와 같이 단일 반거울 방식의 제품들의 경우, 상용화된 대표적인 제품인 구글 글래스는 13도, 엡손 모베리오 BT-300은 23도 등, 화각이 타 방식에 비해 매우 좁다는 문제점을 가지고 있다.

이러한 단점을 보완하고자 다음 그림 4-26과 같이 복수 개의 부분 반사 거울을 삽입한 구조가 제안되었다 [14]. 이 경우에는 앞서 설명한 Exit pupil expansion이 적용 가능하므로 아이박스가 확장되며, FoV도 웨이브가이드의 두께와 관계 없이 내부 전반사 가능한 각도 범위로 확장된다.

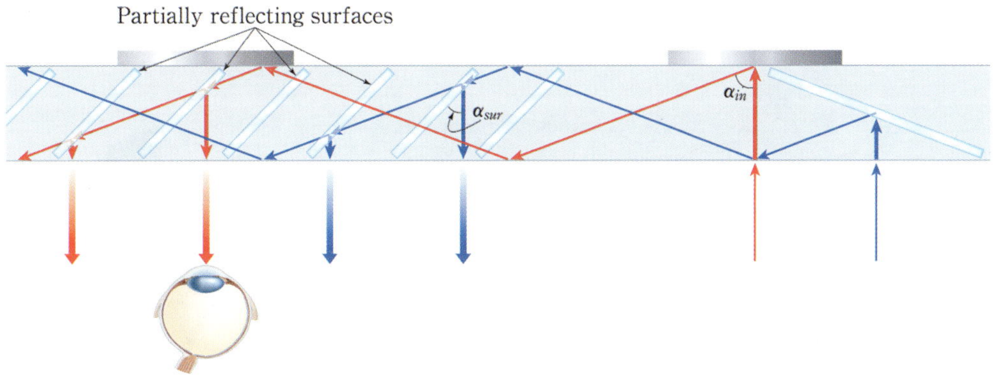

▲ **그림 4-26.** PRMA 소자가 적용된 웨이브가이드 모식도

PRMA 방식은 비교적 간단한 광학적 원리를 이용하여 효과적으로 폼팩터를 줄이는 동시에 화각을 확보할 수 있는 방식이나, 몇 가지 문제점을 지니고 있다. 화각 및 아이박스를 넓게 확보해주기 위해서는 반사체의 개수가 많아져야 한다는 조건을 만족해야 하는 동시에, 각 반사체에 의해 반사되어 나오는 빛의 세기는 서로 동일해야 한다. 만약 세기가 서로 다르게 되면 전체적인 영상의 밝기 분포

가 불균일하게 되어 얼룩덜룩한 무늬를 관찰하게 될 것이다. 이와 같이 다중 반사된 빛의 세기를 균등하게 맞추기 위해서는 각 반사체의 반사 효율이 서로 달라야 하므로, 복잡한 제조 공정을 초래하는 원인이 된다. 또한 이러한 반사체를 만들기 위해 주로 사용되는 다중 박막(multilayer thin-film) 증착 방식은 제조 원가를 상승하는 요인 중 하나이다. 또한 여러 개의 작은 반사체들을 도파로 내에 특정 각도로 평행하게 기울여서 접착하는 공정 또한 매우 정밀한 수준으로 이루어져야 하므로 생산 수율을 감소시키는 요인으로 작용된다. 이 밖에도 부분 반사 거울에 의한 실제 영상의 투과 효율 저하 및 다중 박막에 의한 색분산 효과 등의 문제점이 있기 때문에, 결국 낮은 생산성과 화질 저하 문제를 극복하지 못한 채 상용화에 실패하였고 현재 해당 방식의 제품 연구 및 개발은 크게 줄어든 상태이다 [15]. 최근 Lumus PRMA 방식을 2차원으로 확장하여 광학엔진의 크기를 소형화하고 화각과 아이박스를 확장하여 안경과 보다 유사한 형상을 갖는 제품을 선보였다 [16].

MMA 방식은 PRMA 방식에서 도파로의 두께를 더욱 얇게 만들면서 시야각을 유지하기 위해 제시된 방법으로 도파로 두께 수준의 반사체 대신 도파로 내 출사동 상단에 미세 구조의 부분 반사 거울을 새겨 넣은 구조이다 [17]. 이와 같은 구조는 도파로의 두께를 매우 얇게 하면서 시야각을 유지할 수 있기 때문에 폼팩터 측면에서 상당히 유리하다는 장점을 지니고 있다. 해당 방식을 적용한 제품으로는 그림 4-27과 같은 Optinvent사의 Clear-Vu 시제품을 예로 들 수 있다.

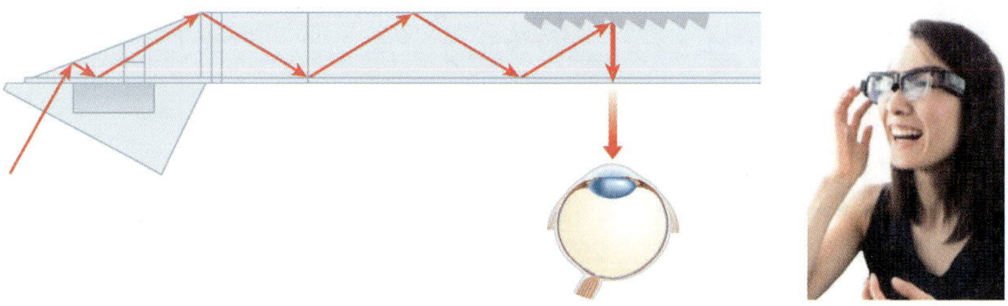

▲ **그림 4-27.** Optinvent사의 MMA 소자가 적용된 웨이브가이드 모식도 및 실제 제품 착용 사진

하지만 MMA 방식 또한 PRMA 방식과 같이 입사각도에 따라 반사 효율이 달라지는 문제 때문에 불균일한 세기 분포와 같은 단점을 지니며, 미세 거울 구조체에 의한 산란 및 회절 효과 때문에 실제 영상의 화질 저하가 문제가 될 수도 있다.

4 회절형 Waveguide AR 디스플레이의 구조

회절형 웨이브가이드 방식은 이미징 컴바이너로 반사체 대신에 회절 광학 소자를 적용한 방식으로, 반사체와 비교하여 매우 얇은 형태로 도파로 제작이 가능하면서도 화각을 동등 수준으로 유지할 수 있다는 큰 장점을 지니고 있다. 이와 같은 폼팩터 측면의 우수성은 많은 기업들이 회절형 방식의 상용화 제품을 개발하려고 하는 이유라고 볼 수 있다. 회절형 방식을 이해하기 위해서는 우선 간단히 회절의 원리를 살펴볼 필요가 있다.

회절의 원리

빛을 파동의 형태로 취급하였을 경우, 빛이 특정 크기의 물체 또는 틈을 지나가거나 경계면에서 반사될 때 해당 크기 이상의 주변부까지 빛이 전파하는 현상을 '회절'이라고 일컫는다. 이러한 현상은 토마스 영의 슬릿 실험에서 증명되었으며, 반사체 및 조리개의 크기가 파장 수준으로 작아질 경우 회절의 영향성이 매우 커지게 된다.

다음과 같이 파장 단위의 짧은 주기를 가지는 반사체 구조를 고려해보자.

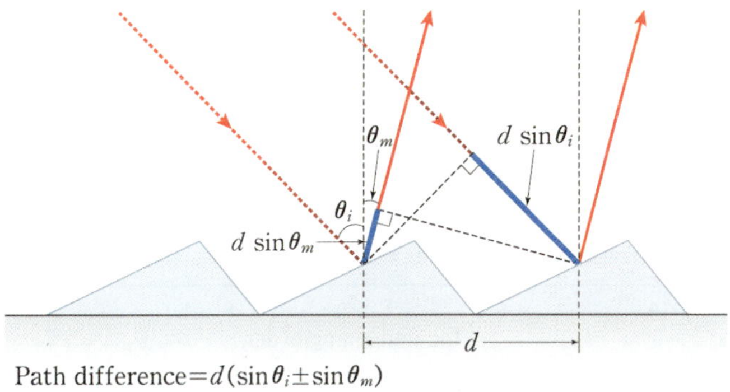

▲ 그림 4-28. 파장 단위의 주기를 갖는 회절 격자의 모식도

이 경우, 회절각도(θ_m)는 격자 구조를 겪은 빛의 경로차와 파장에 의해 결정된다. 광경로차가 파장의 정수배가 되는 조건을 만족하면 보강간섭에 의해 회절이 발생하며, 회절각도는 회절 차수(m)와 파장을 이용하여 다음과 같은 수식으로 계산할 수 있다.

$$d(\sin\theta_i - \sin\theta_m) = m\lambda \qquad (4.18)$$

$$\theta_m = \arcsin\left(\sin\theta_i - \frac{m\lambda}{d}\right) \qquad (4.19)$$

회절 소자의 최대 높이는 격자의 주기에 비례하며, 주기가 파장 단위 수준이므로 회절소자의 두께는 매우 얇다는 것을 알 수 있다. 그림 4-29는 수식 (4.19)을 사용하여 단순한 형태인 blaze 격자에서의 입사 각도에 따른 회절 각도를 도시한 결과이다. 해당 결과에서 확인할 수 있듯이 작은 입사각의 변화에도 회절각의 변이는 비선형적으로 매우 큰 동시에 입사광을 급격하게 전향시켜 줄 수 있다는 특성을 볼 수 있다. 이와 같은 회절소자의 특성을 이용하여 격자 변수(주기, 형태, 배치 등)들을 적절히 설계함으로써, 거울 반사와 달리 입사된 빛을 임의의 각도로 꺾어줄 수 있다는 장점이 있다. 디스플레이 모듈 앞쪽 도파로에 놓인 회절 격자(인커플러, in-coupler)를 이용하여 전반사 임계각 이상의 각도로 입사광을 회절 시켜준 뒤, 마찬가지로 출사동 쪽에서 이와 반대로 동작하는 회절 격자(아웃커플러, out-coupler)를 사용하면 디스플레이에서 입사된 빛과 동일한 각도로 출사 시켜 줄 수 있다. 위와 같이 서술된 방식은 회절형 웨이브가이드 방식에서 기본적으로 적용되는 구조로 대부분의 상용화 제품이 이와 같은 방식을 취하고 있다.

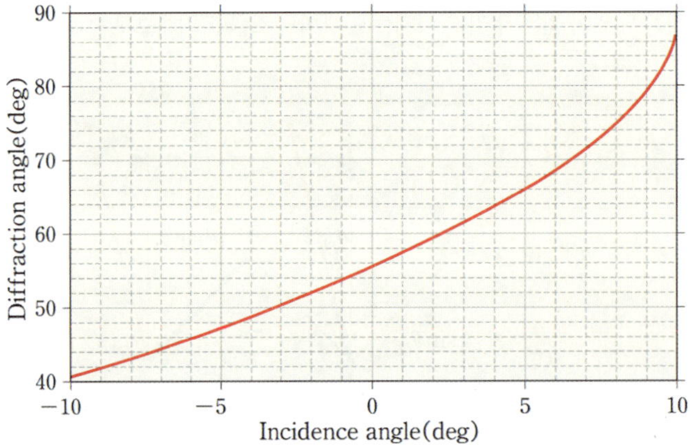

▲ **그림 4-29.** 회절 격자의 입사각도와 회절각도 간 결과 그래프. 해당 그래프는 파장(ë): 532 nm, 격자 주기(d): 645 nm, 회절차수: +1차항에 대한 결과

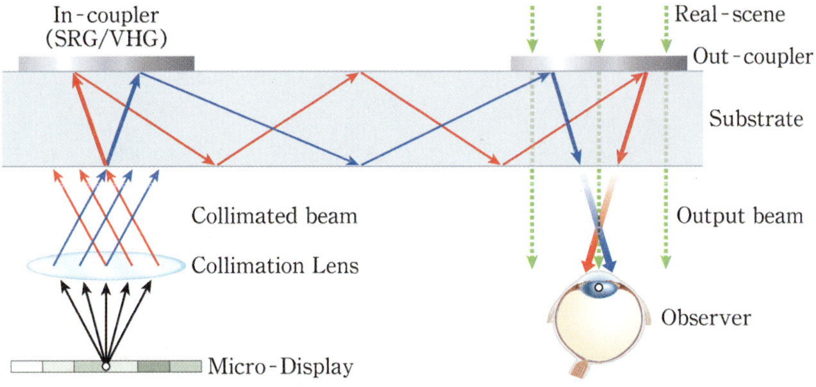

▲ **그림 4-30.** 회절 소자가 적용된 웨이브가이드 방식의 대표적인 모식도

회절 소자에는 대표적으로 표면부조 격자(surface-relief grating, SRG)와 홀로그래픽 체적 격자(Holographic volume grating, HVG)가 있으며, 두 소자 모두 앞서 설명한 회절 현상을 이용하여 빛을 도파로 내외로 입사 및 출사 시켜준다. 두 소자의 가장 큰 차이점은 회절 현상이 발현되는 영역이 소자의 표면인지, 체적인지 여부이다.

우선 표면부조 격자의 경우, 도파로 기판 표면에 부조(relief) 형태로 회절 격자를 새겨 놓은 방식으로 그림 4-28에서 제시된 Blaze 격자도 이에 한 형태이다. 다음 그림 4-31과 같이 격자의 모양은 다양한 형태를 취할 수 있으며, 격자의 모양 및 양/음각 여부, 높이, 주기, 굴절률 등의 격자 특성에 따라 회절 방향, 효율 등의 회절 결과가 전혀 달라지게 된다. 회절형 웨이브가이드에 사용하는 격자는 최대한의 시스템 성능을 발현하기 위해서 다양한 격자 변수들을 최적화 프로세싱을 통하여 결정하게 된다 [18]. 회절 격자는 수식 (4.19)에서와 같이 파장에 대한 의존성이 있기 때문에 각 파장에 해당하는 격자가 서로 달리 존재해야 하므로, 일반적으로 RGB 삼색에 해당하는 세 개의 서로 다른 격자가 새겨진 도파로 기판이 존재하며, 이 각각을 도파로 채널이라고 칭한다. 홀로렌즈 제품의 경우, RGB 삼색에 해당하는 세 개의 독립된 도파로 채널이 존재하며 [8], Magic Leap사 One 제품의 경우 RGB 각 채널이 2개씩 존재하여 총 6개의 독립된 채널이 존재하다 [19]. 채널이 많을수록 더 많은 정보량을 처리할 수 있지만, 총 두께가 증가하게 되므로 이에 따른 trade-off 관계가 있기 때문에 하나의 채널을 사용하여 2개 이상의 채널 효과를 제공하는 연구도 진행 중에 있다.

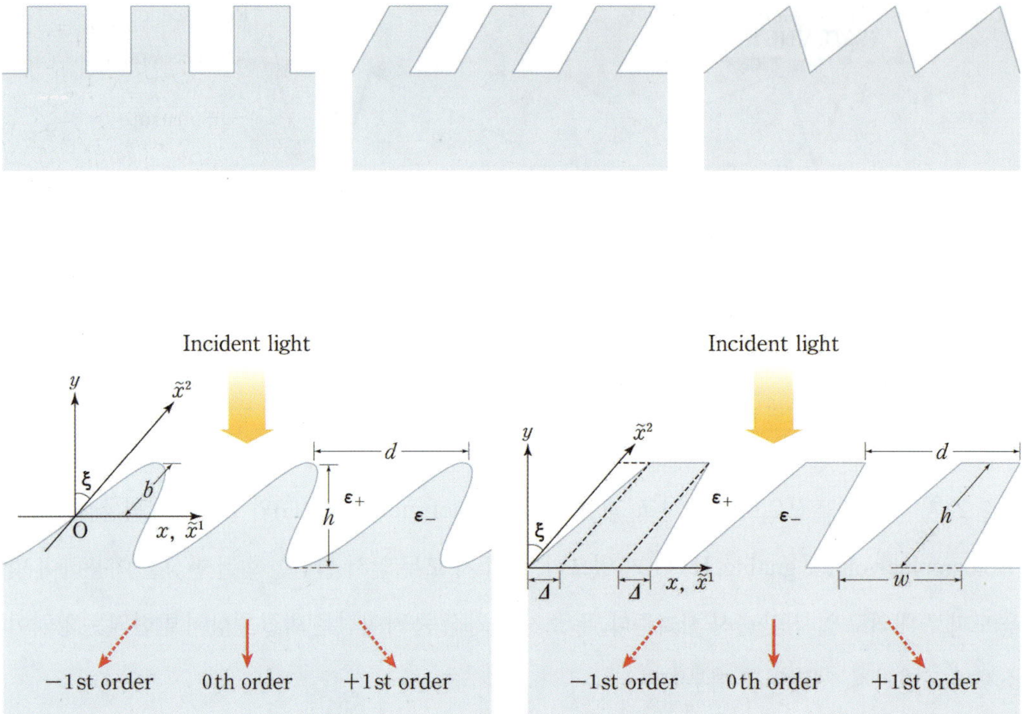

▲ **그림 4-31.** 다양한 격자 형태 예시: (a) binary grating, (b) slanted grating, (c) triangular grating, (d) sinusoidal grating, and (e) trapezoidal grating

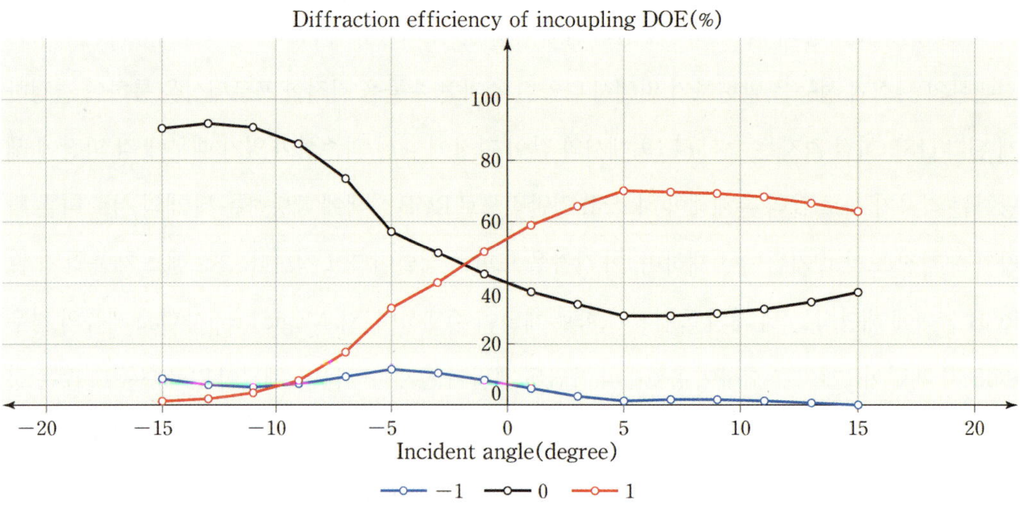

▲ **그림 4-32.** 표면부조 격자에서의 입사각도에 따른 회절 효율 그래프. 해당 결과는 파장(λ): 633 nm, 격자 주기(d): 630 nm, 굴절률: 1.5, 격자 모양: Blaze, 회절 차수(m): 0차 및 ±1차항에 대한 시뮬레이션 결과

그림 4-32는 회절 격자에 입사하는 각도에 따라 회절 효율을 도시한 결과이다. 일반적으로 회절 격자에 의해 입사된 빛은 각 차수(m)에 해당하는 여러 방향으로 회절 현상이 동시에 일어난다. 2차 이상의 회절항을 통상적으로 고차항으로 취급하며, 이러한 고차항의 회절 효율은 0차 및 ±1차항에 비해 상당히 낮기 때문에 웨이브가이드 방식이 적용된 AR HMD기기에서는 ±1차항만을 이용하는 경우가 일반적이다. 회절 결과 그래프에서 확인할 수 있듯이, 입사각에 따라 회절 효율이 균일하지 않음을 확인할 수 있다. 이는 회절형 웨이브가이드 방식에서 화각을 결정짓는 매우 중요한 결과이며, 결과 영상의 밝기 불균일을 초래하는 문제점을 발생시키기도 한다. 예를 들어 상기 그래프에서 +1차항을 전반사 조건으로 이용할 경우, 0 ~ 15도 구간은 효율이 60% 이상으로 다소 균일한 편이나, 0도부터 기준으로 급격하게 효율이 감소하여 입사각이 -10도 정도가 되면 효율이 거의 없다는 것을 확인할 수 있다. 이는 평행광 렌즈에 의해 -10도 이상으로 인커플러에 입사되는 디스플레이 광원은 도파로 내로 전파를 할 수 없다는 것으로써, 결국 회절 효율이 확보되는 구간 자체가 웨이브가이드 시스템의 화각을 의미하므로 화각을 제한시키는 원인이 된다. 화각이 넓을수록 몰입감 높은 가상 영상 환경을 제공할 수 있으므로 회절 격자 특성 변수들을 최적화하여 시야각을 최대한 넓히는 연구들이 수행되고 있으며, 일반적으로 표면 부조 격자를 활용한 상용화 제품의 화각은 30~40도 수준으로 알려져 있다 [20].

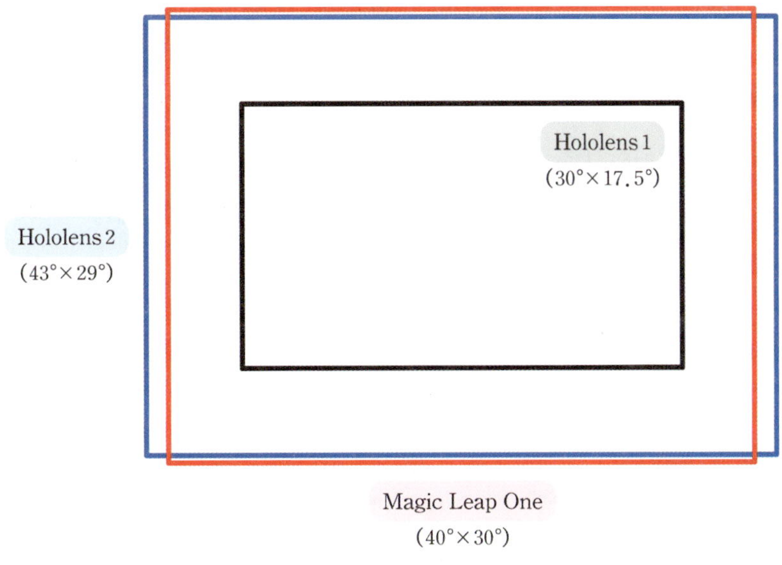

▲ **그림 4-33.** 상용화 웨이브가이드 방식 HMD 제품의 화각 모식도

표면부조 격자는 일반적으로 마스터 격자를 이온빔 식각(ion beam etching, IBE) 또는 전자빔 식각(e-beam lithography, EBL)과 같은 물리적인 식각 방식이나 화학 공정을 통한 화학적 식각을 이용하여 제작한 후 이를 nano-imprinting lithography등을 통해 복제하는 형태로 제작된다. 이와 같은 방식으로 형성된 회절 격자는 유리와 같은 기판에 직접, 혹은 그 위의 레진층에 새겨지기 때문에 내구성이 높아 상용화 제품 제작에 적합하다는 장점을 지니고 있다. 하지만 나노 단위의 미세 공정이 필요하기 때문에 현재까지는 양산 수율이 높지 않으며, 제작 비용이 상대적으로 다른 방식들에 비해 높다는 단점이 있다. 또한 최적화된 격자 모양을 그대로 재현하는 것은 현재까지의 식각 방식으로 많은 어려움이 있다고 알려져 있다. 이와 같은 총체적인 생산성 문제는 결국 제품의 가격을 높이는 역할을 하기 때문에, AR 기기 대중화에 걸림돌로 작용한다는 문제점이 있다 [21]. 이 밖에도 외부광이 회절 격자에 입사할 시 원치 않은 고차 투과 회절항에 의해 노이즈 영상이 관찰되기도 한다. 이는 표면 부조 격자의 본질적인 한계점으로 외부광이 특정 각도에서 입사하지 못하도록 추가적인 방법을 적용해주거나, 기기 외형을 변경해줘야 하므로 이와 같은 제약에 의해 자유로운 설계 디자인을 방해하는 요소로 작용할 수 있다.

체적 격자는 표면부조 격자의 단점을 극복할 수 있는 방안으로, 최근 크게 대두되고 있는 회절 소자이다. 체적 격자는 광학적으로 브래그(Bragg)의 원리를 기반으로 하기 때문에 통상 브래그 격자라고도 불린다. 일반적인 체적 격자는 그림 4-34와 같이 서로 다른 층에서 일어난 다중 반사가 서로 상쇄 또는 보강 간섭을 일으켜서 빛의 반사 또는 투과가 결정되는 원리를 이용한다. 이러한 브래그 원리는 파장 및 입사 각도에 의존하므로 이를 이용하여 설계 각도 및 파장으로 입사된 빛에만 반응하고, 그 외 빛에는 반응을 덜하거나, 거의 하지 않는 소자를 구현할 수 있다. 이와 같은 특성을 각도 선택성(angular-selectivity) 및 파장 선택성(spectral-selectivity)라고 칭하며, 체적 격자의 가장 중요한 광학적 특성이다. 각도 선택성을 이용하면 도파로 내 전반사 각도에만 반응하는 커플러를 구현할 수 있으며, 그 외 실제 영상에서 들어오는 각도에는 반응하지 않는 커플러를 구현할 수 있기 때문에 증강현실 시스템에 활용성이 높은 소자이다.

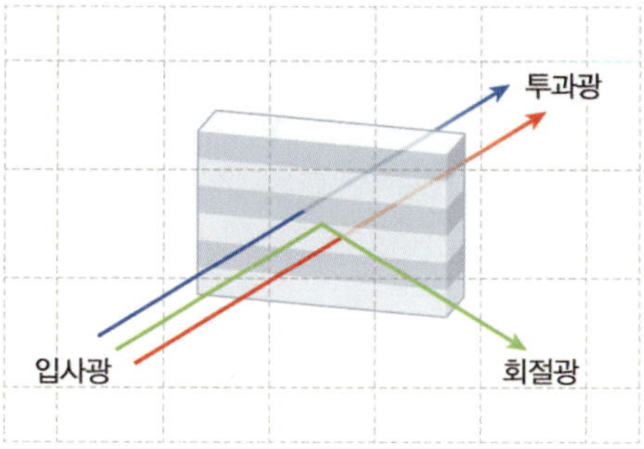

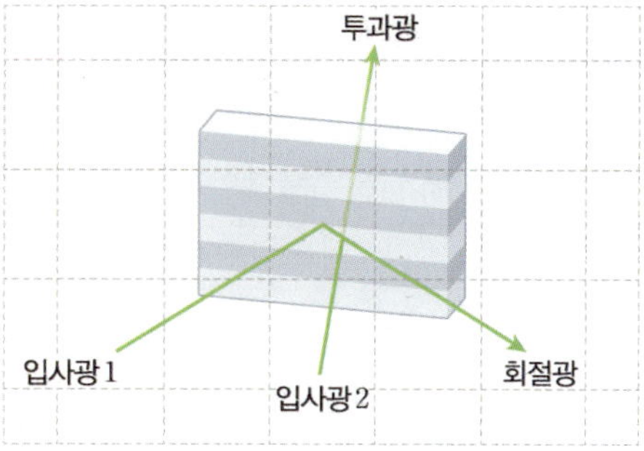

▲ **그림 4-34.** 체적 격자의 광학적 선택성 모식도: (a) 파장 선택성, (b) 각도 선택성

브래그의 원리

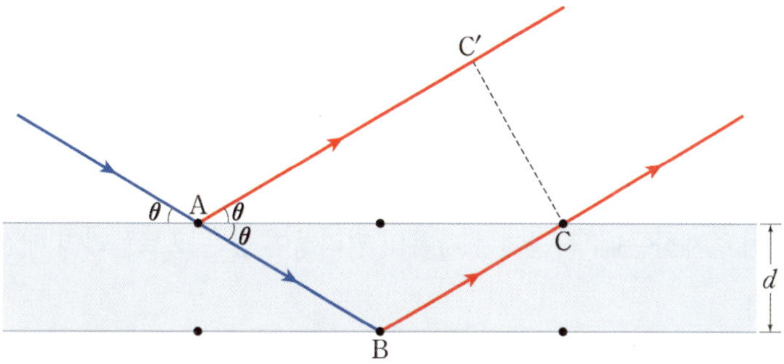

▲ **그림 4-35.** 브래그 원리에 의해 회절이 발생하는 격자 구조의 모식도

그림 4-35에서 빛이 입사각 θ로 회절 격자에 입사하여 원자 또는 격자 구조에 반사된 빛과 그 다음 격자에 의해 반사된 두 빛의 광경로차는 $\overline{AB}+\overline{BC}-\overline{AC'}$으로 주어진다. 이때 광경로차가 입사한 빛의 파장의 정수배가 되면 위상이 같아진 두 빛이 보강간섭을 겪게 되어 회절한다. 이러한 보강간섭을 발생시키는 입사각 θ와 빛의 파장 λ, 회절 격자의 간격 d, 회절 차수 m은 아래와 같은 조건을 만족시킨다.

$$\overline{AB}+\overline{BC}-\overline{AC'}=m\lambda$$

$$,\text{where } \overline{AB}=\overline{BC}=\frac{d}{\sin\theta},\ \overline{AC'}=\overline{AC}\cdot\ \cos\theta=\frac{2d}{\tan\theta}\cdot\ \cos\theta=\frac{2d}{\sin\theta}\cos^2\theta \quad (4.20)$$

$$\therefore m\lambda=\frac{2d}{\sin\theta}(1-\cos^2\theta)=2d\sin\theta \quad (4.21)$$

위와 같은 원리를 브래그 원리라 한다. 실제 체적 격자에는 아주 많은 원자 또는 격자가 존재하기 때문에, 브래그 원리를 만족시키는 입사각 주위에서만 보강간섭이 강하게 발생하며 그 외의 입사각에서는 거의 빛이 회절하지 않게 된다. 체적 격자는 이를 활용하여 가상 영상을 도파로에서 사용자의 눈으로 회절시킴과 동시에 실제 주변 환경을 왜곡 없이 눈으로 전달해 준다.

체적 격자에는 다양한 종류가 있는데 이 중 홀로그래픽 체적 격자는 체적 격자를 제작 시 특별히 홀로그래피 기법을 활용한 소자를 말한다. 홀로그래피 기법은 빛의 간섭 현상을 이용한다. 레이저와 같은 가간섭광을 2개의 광경로로 분리한 뒤 하나는 직접 홀로그래픽 기록소자에 조사시켜 주고 (참조광), 나머지 광은 기록하고자 하는 물체에 비춰서 반사되는 빛(물체광)을 홀로그래픽 기록소자에 입사시켜 준다. 두 빛의 광경로는 물체 표면 형태 및 재질에 따라 달라지게 되며, 홀로그래픽 기록소자 내에서 두 빛의 광경로 차에 해당하는 간섭무늬를 형성하게 된다. 기록 소자는 이러한 간섭무늬를 굴절률 또는 흡수율의 변조 형태로 기록하게 되며, 기록 과정과 동일한 빛을 기록 소자에 조사해주면 물체광과 동일한 파면을 가진 빛을 재생해주게 된다. 이는 홀로그래피의 원리를 간략하게 설명한 것으로써 보다 심도 깊은 내용은 관련 서적 및 논문 등을 참고하도록 한다 [22]. 홀로그래픽 기록 소자는 은화염(silver-halide), dichromatic gelatin (DCG), 감광성수지(photopolymers)와 같이 다양한 기록 매질이 존재하는데, 최근에는 기록의 편리성이 높은 포토폴리머 매질이 연구/개발에 많이 활용되고 있다.

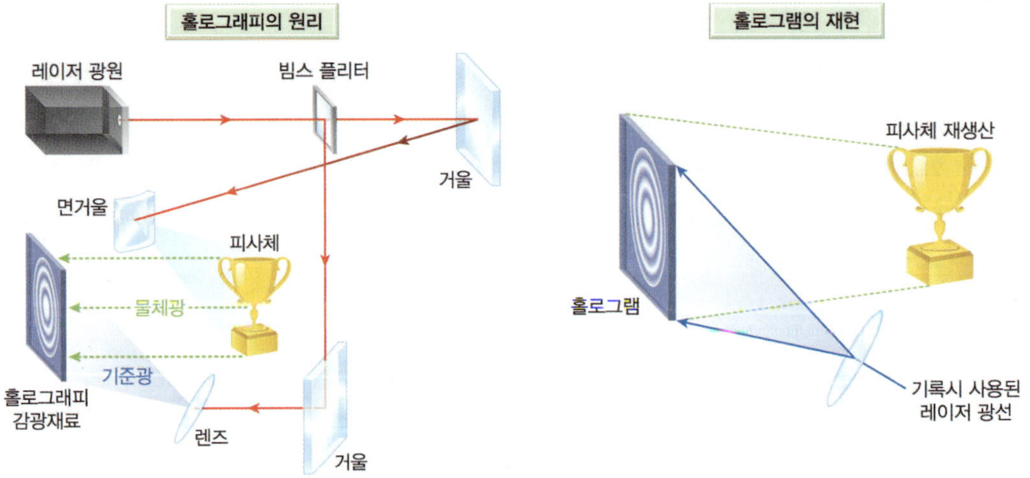

▲ **그림 4-36.** 홀로그래피 기록과 재생 모식도

포토폴리머를 이용한 홀로그래픽 체적 격자는 참조광과 물체광 두 빛의 간섭무늬 형태를 따라 굴절률이 변조된다. 포토폴리머 매질은 일반적으로 유리와 비슷한 굴절률인 1.5정도이며, 굴절률의 최대 변조량은 제품마다 다르지만 ±0.1 이하 수준이다. 이렇게 주기적인 굴절률 변조는 그림 4-37과 같이 체적 내 주기적인 구조를 형성하며, 반복되는 주기 구조의 기울어진 각도에 따라 반사형 또는 투과형으로 작동할 수 있다. 체적 격자는 격자 각도, 반복되는 주기 개수, 반복 주기, 굴절률 변조량와 같은 격자 특성에 따라 회절 각도 및 효율이 결정된다. 이러한 체적 격자의 회절 특성을 해석하는데 많은 방법 및 이론들이 현재까지 소개되어 왔으며, 그 중에서도 가장 많이 사용되는 방식은 Kogelnik 이 제시한 결합파 이론(coupled-wave theory) 방식이다 [23]. 이는 체적 격자 내에서 전파되는 빛을 전자기파적 접근을 통해 그 해를 수치적으로 근사화하여 계산한 방식으로, 정확도가 높고 다른 수치해석 방법들에 비해 빠르게 해를 구할 수 있다는 장점에 의해 널리 사용되고 있다. 하지만 여전히 복잡한 계산 과정 및 수식들이 나열되기 때문에 본문에서는 수식적인 부분은 생략한 채 물리적인 특성에 대해서만 다루기로 하며, 좀 더 관심 있는 독자들께서는 참조된 Kogelnik 논문 [23]을 참조하기를 권한다.

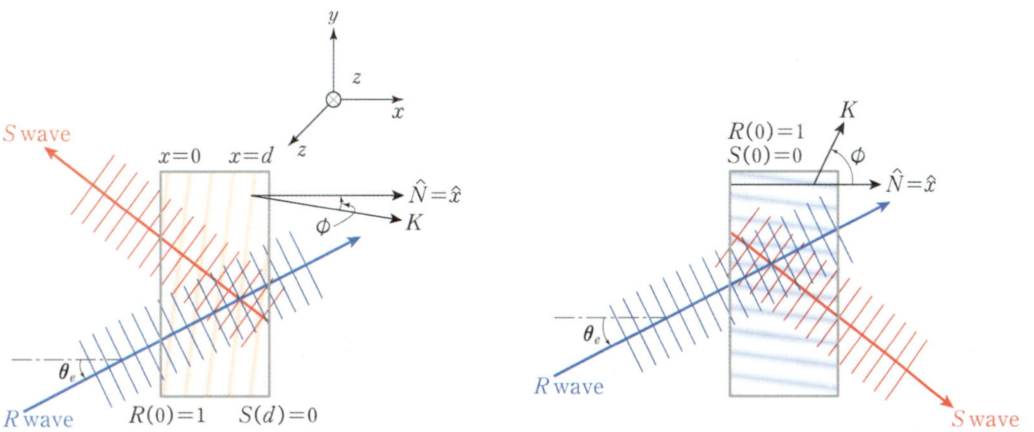

▲ **그림 4-37.** (a) 반사형 체적 격자, (b) 투과형 체적 격자 모식도

체적 격자는 표면부조 격자에 비해 상대적으로 높은 각도/파장 선택성을 가지고 있다. 그림 4-38은 널리 사용되고 있는 Bayfol사의 포토폴리머 조건(두께: 16 ìm, 굴절률 변조량: ±0.03)에서의 입사 각도에 따른 회절 효율을 시뮬레이션 한 결과이다. 반치폭(FWHM) 기준으로 약 7도 수준에서 회절이 되며, 이 값은 곧 앞서 설명한 것과 같이 웨이브가이드 방식의 시스템에서 화각을 의미한다. 결국 높

은 각도 선택성은 증강현실에서 실제 영상을 왜곡 없이 통과시키는 역할을 하는 장점을 지닌 동시에, 시야각을 협소하게 만드는 문제점도 가지고 있다. 이와 같이 체적 격자 방식은 표면부조 격자를 활용한 방식에 비해 좁은 시야각이라는 문제점이 존재하는데, 이를 해결하기 위해 기록 매질의 물성을 조절하거나, 홀로그래픽 소자의 다중화 기록 방법과 같은 다양한 해결 방법들이 제안되고 있다 [21].

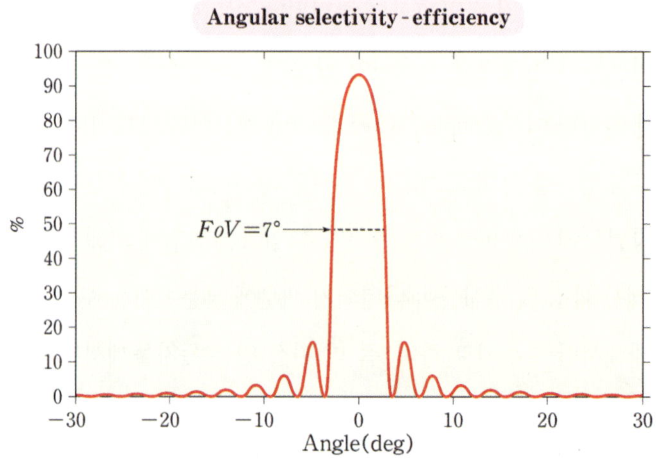

▲ 그림 4-38. 체적격자에서의 회절 격자에 입사각도에 따른 회절 효율 그래프

홀로그래픽 체적 격자가 적용된 기기로는 Sony사의 SED-E1 모델을 예로 들 수가 있다 [24]. 해당 제품 역시 화각이 20도 정도로 표면부조 격자 방식의 홀로렌즈에 비해 협소하지만, 아직 개발중인 제품인 것을 염두 하면 향후 더욱 개량된 제품을 기대해 볼만 하다.

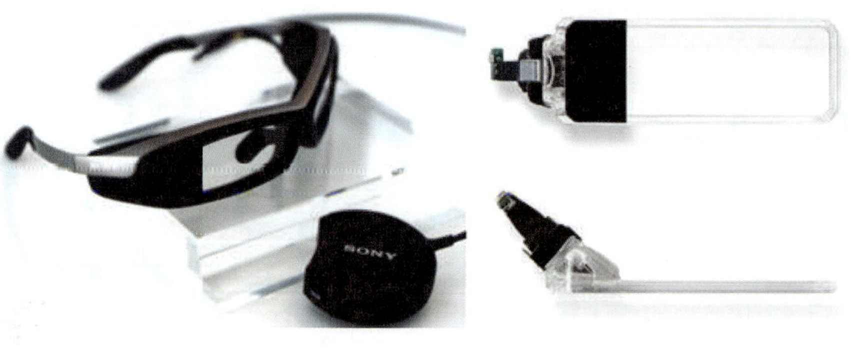

▲ 그림 4-39. Sony사의 SED-E1 제품

홀로그래픽 체적 격자는 홀로그램 복제 기법을 이용하여 광학적으로 동일한 회절 소자를 대량 복제할 수 있으므로 짧은 시간에 대량으로 생산이 가능하며 [25], 회절 조건 변경 시 광학 셋업만 변경해 주면 되므로 빠르게 공정 변화에 대처할 수 있다는 장점이 존재한다. 또한 도파로 기판에 회절 격자가 직접 새겨지는 방식이 아니라, 체격 격자가 새겨진 필름을 기판에 접착하는 방식이므로 도파로 기판이 상대적으로 매우 얇아도 된다. 또한, 물리적/화학적 식각 공정에 불리한 플라스틱 계열 기판을 사용해도 되기 때문에 훨씬 가볍고 제작 원가가 낮기 때문에 양산에 대한 장점도 동시에 지니고 있다. 다만 아직 소재의 내구성, 내화학성 검사가 부족하여 당장 상용화 제품에 적용되기에는 부족한 점이 있지만, 이는 다양한 연구 개발을 통해 해결될 수 있을 것이라 기대되고 있다.

4.4 Pin-light AR 디스플레이

1 Pin-light AR 디스플레이와 망막투사형 디스플레이의 개요

Pin-light AR 디스플레이는 2014년 NVIDIA 사에서 발표한 AR 디스플레이 형태로써, 간단한 구조를 가졌으면서도 넓은 시야각을 확보할 수 있는 장점을 지닌 시스템이다 [26]. 이 시스템은 데모를 통해 대각 화각 110도를 달성하였으며, 이는 당시 상용화된 AR 디스플레이의 30~40도 내외의 화각에 비하여 상당히 넓은 화각이다. 시스템을 구성하는 광학 소자들은 크게 두 개로, 그림 4-40에 보여지는 웨이브가이드 형태의 투명한 점광원 배열, 그리고 투과형 LCD가 전부인 아주 간단한 구조를 지닌다.

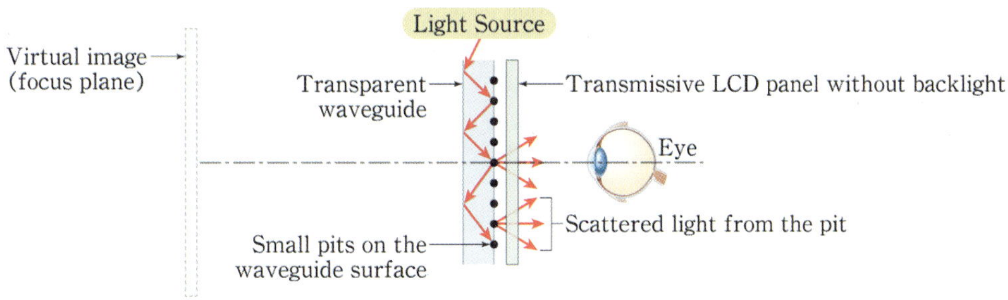

▲ **그림 4-40.** 안경형 pin-light AR 디스플레이 개념도

그림 4-41은 pin-light 디스플레이의 기본 원리를 표현한 그림이다. 점광원 하나가 눈으로부터 충분히 가까이 위치한다고 가정하자. 만약 점광원이 관측자가 초점을 맺을 수 있는 최소 거리보다 가까

이 위치한다면, 여기서 나온 빛다발은 동공을 거쳐 망막에 도달할 때 한 점으로 모이지 못하고 동공과 같은 모양인 원형으로 투사된다. 즉 관측자는 원형 빛망울을 관측하게 된다. Pin-light 디스플레이에서는 점광원과 동공 사이에 투과형 LCD를 놓아 이 빛망울에 이미지가 담기도록 한다. LCD를 투과한 빛이 만드는 빛망울은 더 이상 단색의 밝은 원형이 아니라 내부에 이미지가 보이는 원형 디스플레이가 된다.

이와 같이 이미지가 그대로 망막에 투사되는 형태의 접안 디스플레이를 망막투사형 디스플레이라고 한다. 망막투사형 디스플레이는 특이한 성질을 지니는데, 관측자 수정체의 초점거리에 관계없이 선명한 이미지를 관측할 수 있는 all-in focus 특성이다. 아주 작은 크기의 점광원에서 출발하여 공간광변조기 (SLM, Spatial light modulator)의 각 픽셀을 지난 빛은 동공에 비해 아주 얇은 두께의 빔이 된다. 얇은 두께의 빔은 수정체의 초점거리가 바뀌더라도 두께가 크게 변하지 않고 여전히 얇은 빔이기 때문에 각 픽셀은 초점거리에 무관하게 선명하게 망막에 투사된다. 이는 핀홀 카메라가 물체의 거리에 관계없이 늘 초점이 맞는 이미지를 찍을 수 있는 것과 유사한 원리이다.

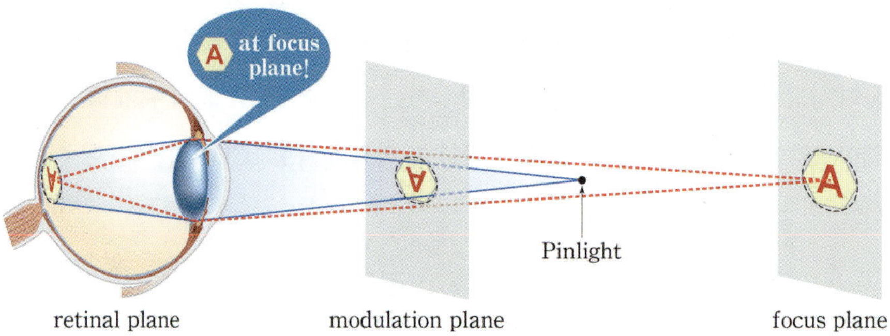

▲ **그림 4-41.** Pin-light 디스플레이의 기본 원리

다만 그림 4-41과 같이 1개의 점광원을 이용하여 디스플레이를 구성할 경우 달성할 수 있는 화각이 제한된다. 점광원과 동공 사이의 거리가 짧을수록, 동공의 크기가 클수록 화각이 늘어나는데, 두 수치 모두 실질적인 한계가 있기 때문이다. 대략적으로 1개의 점광원을 사용하여 5도 내외의 화각을 확보할 수 있다. 이를 보완하기 위하여 여러 개의 점광원을 배열시켜 화각을 확대시키는 방법을 사용한다. 이에 대하여는 4.4.2절에서 설명한다.

❷ Pin-light AR 디스플레이 광학계의 분석

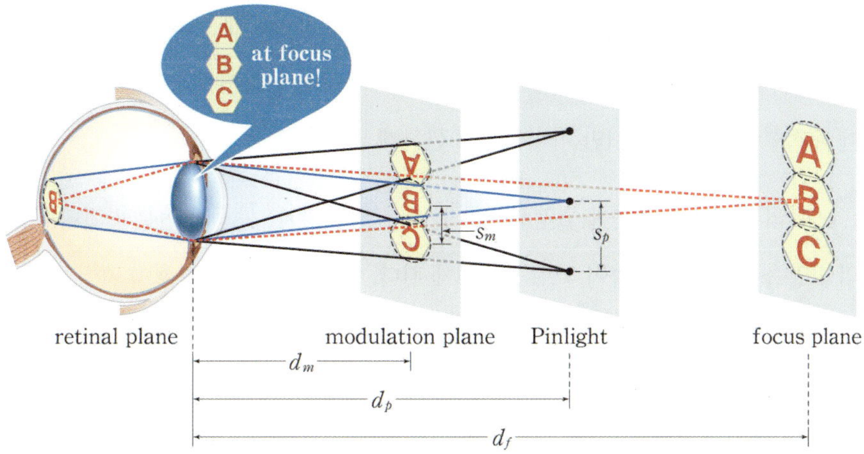

▲ **그림 4-42.** 시야각 확장을 위한 pin-light 배열 구조

점광원을 그림 4-42와 같이 복수 개 위치시킬 경우에는 각각의 점광원이 각각의 빛망울을 만들고, 이를 통해 이미지를 표현할 수 있는 영역이 늘어나므로 화각을 확장시킬 수 있다. 투명한 점광원 배열은 그림 4-40과 같이 웨이브가이드를 사용하여 쉽게 구성할 수 있다. 판형 웨이브가이드 표면에 작은 흠집들을 배열 모양으로 만들면 빛이 내부에서 진행하면서 흠집을 통해 새어나가게 되어 점광원 배열이 형성된다. 이때 점광원의 배열, 간격, 눈과의 거리, LCD의 위치 및 띄울 이미지 등 여러 파라미터를 정확히 고려해야만 사용자로 하여금 원하는 이미지를 선명하게 보게 할 수 있다.

먼저 점광원 사이의 거리 및 배열을 결정하여야 한다. 점광원들 사이의 거리가 너무 멀 경우에는 각각의 빛망울들이 화각 전체를 채우지 못하고 그 사이에 빈 공간이 생기게 된다. 이는 시야각 범위 내에 표현할 수 없는 부분이 있다는 것을 의미하므로 적절치 않다. 반면에 광원들 사이의 거리가 너무 가까울 경우에는 빛망울들이 과도하게 겹치게 된다. 이는 동일한 정보를 표현하기 위해 LCD의 여러 픽셀을 중복하여 사용하게 되는 것을 의미하므로 해상도의 낭비를 불러온다. 이 원형 빛망울을 가장 효율적으로 배치하기 위해서는 육각격자 모양대로 광원을 배치해야 한다. 이 때 점광원들 사이의 간격을 s_p라 하면 이는 다음과 같이 계산된다.

$$s_p = \frac{\sqrt{3}}{2} a_e \left(1 - \frac{d_p}{d_f}\right) \tag{4.23}$$

여기서 a_e는 동공의 지름, d_p와 d_f는 각각 동공으로부터 점광원 배열, 눈 초점면까지의 거리이다. 이 경우에도 각각의 원형 빛망울이 서로 겹치는 부분이 존재하게 되는데, 이 부분은 빛의 세기가 다른 부분에 비해 2배 밝아지게 되므로 적절치 않다. 따라서 그림 4.42에서 focus plane에 표현된 바와 같이 두 원이 겹치는 영역을 절반씩 나누어 각 빛망울이 담당하게 하여야 한다. 이렇게 하면 각 빛망울은 원에 내접한 육각형 내에서만 이미지를 표현하게 된다.

다음으로 LCD의 위치도 신중하게 결정하여야 한다. 만약 LCD가 동공과 너무 가깝다면 LCD 면에서 각각의 빛망울을 이루는 빛들이 서로 중첩되게 된다. 이는 LCD의 한 픽셀이 여러 빛망울에 동시에 관여하게 된다는 것을 의미하며, 사용자가 중복된 상을 보게 하므로 적절하지 않다. 반면에 LCD가 점광원 배열에 너무 가깝다면 LCD 면에서 각각의 빛망울을 이루는 빛들이 너무 멀리 떨어져 투영된다. 이 사이의 빈 공간들은 모두 쓰이지 않는 픽셀로써 LCD의 해상도를 낭비하는 셈이 되어 적절하지 않은 조건에 해당하게 된다. 이를 가장 효율적으로 설계하기 위해서는 LCD 이미지에서 각각의 정육각형이 이웃하는 원형 빛망울에 외접하도록 하여야 한다. 이 때 동공으로부터 LCD까지의 거리 d_m을 식으로 나타내면 다음과 같이 계산된다.

$$d_m = \frac{\frac{1}{2}(a_e + \frac{\sqrt{3}}{2}a_e)d_p}{\frac{1}{2}(a_e + \frac{\sqrt{3}}{2}a_e) = s_p} \tag{4.24}$$

또한 각각의 점광원, LCD상 각각의 육각형의 중심, 그리고 동공의 중심은 한 직선상에 있어야만 하므로 LCD상 육각형들 사이의 거리 s_m은 다음과 같이 결정되어야 한다.

$$s_m = s_p \times \frac{d_m}{d_p} \tag{4.25}$$

위의 조건들을 만족하면 관측자는 빈틈없이 채워진 육각형 배열을 볼 수 있게 된다. 다만 LCD가 점광원을 기준으로 가상영상이 있어야 할 거리의 반대쪽에 위치하기 때문에 각 빛망울에서는 LCD에 나타난 영상이 원점 대칭되어 나타나게 된다. 따라서 이를 보정하여 미리 원점 대칭된 영상이 각 육각형에 표현되어야 한다.

이러한 설계를 통해 만들어진 LCD 영상은 그림 4-43에 나타나 있다. 우선 설계한 수치에 따라 육각형 배열이 어떤 모양이 되어야 하는지를 계산한다. 이후 타겟 이미지가 주어졌을 때, 타겟 이미지를

그림 4-43(b)와 같이 각각의 육각형으로 구획으로 나누어 이에 대응시켜 재배열하고 각각을 원점 대칭하면 LCD에 띄울 이미지를 구할 수 있다. 이 이미지를 LCD에 띄운 상황에서 관측자는 그림 4-43(c)와 같이 타겟 이미지를 관측할 수 있게 된다.

(a) (b) (c)

▲ **그림 4-43.** (a) 타겟 이미지. (b) LCD에 띄울 이미지. (c) 관측자의 망막에 맺힌 이미지 시뮬레이션

Pin-light 디스플레이를 설계하는 과정을 보면 화각을 늘리는 것은 단지 더 많은 점광원 배열을 사용하고, 더 넓은 LCD를 사용하는 것 외에 큰 제약이 없다. 즉 넓은 화각을 구현하는 데에 큰 문제가 없다는 것이다. 또한 LCD에 띄워야 하는 이미지를 보면 각 육각형 이미지 사이에 쓰이지 않는 빈 공간이 조금씩 있긴 하지만 그 비율이 그렇게 크지 않다. 즉 LCD가 지니고 있는 해상도의 대부분을 전달할 수 있다는 것이다. 또한 시스템 역시 매우 간소하고 작은 부피를 갖도록 구성할 수 있다는 장점까지 지니고 있다. Pin-light 디스플레이는 이러한 많은 장점들을 가지는 데에 반해, 여러 한계점도 지닌다. 이러한 장단점에 대해서는 다음 절에 설명한다.

3 Pin-light AR 디스플레이의 특징

증강현실 디스플레이는 가상의 영상을 제공하는 디스플레이를 특정한 깊이에 상을 만드는 방식과 관측자의 망막에 직접 투사시키는 방법으로 나눌 수 있다. 이 중 pin-light 디스플레이는 망막에 직접 투사하는 방법을 채택하고 있다. 일반적으로 망막 투사 기법은 프로젝터 내부에서 변조되어 출사된 빛을 렌즈 등의 광학 소자로 관측자의 망막에 전달한다. 하지만 pin-light 디스플레이는 프로젝터를 사용하지 않고, 광원 부 (pin-light 배열)와 변조용 LCD가 관측자 앞에 바로 위치시킨다. 이러한 독특한 pin-light 디스플레이의 구성은 대부분의 망막 투사 기법과는 다른 디스플레이 특징으로 나타난다. 우선 FOV를 살펴보면, pin-light 디스플레이에서는 LCD가 표현하는 이미지가 그대로 사용자에게 관측되므로, 시스템의 FOV는 관측자의 동공과 LCD 사이의 기하학적인 각도로 얻을 수 있다. LCD의 가로 방향 길이를 c 라고 하면 FOV는 다음과 같이 계산된다.

$$FOV = 2\tan^{-1}\left(\frac{c}{2d_m}\right) \tag{4.26}$$

또한 렌즈 등의 추가적인 광학 소자가 시스템에 들어가지 않으므로, 추가적인 FOV를 제안하는 요소가 없고, 위 식을 따라서만 FOV가 결정된다. 따라서 넓은 크기의 LCD를 변조기로 사용하고 동시에 동공과 LCD사이의 거리를 감소시키면 FOV를 크게 향상시킬 수 있다. 만약 36.9 mm의 가로 길이를 가지는 LCD를 동공과 15 mm의 거리로 두면, 약 100도 이상의 넓은 화각을 획득할 수 있다.

pin-light 디스플레이는 넓은 화각을 제공할 수 있지만, 고해상도의 영상을 제공할 수 없다는 한계점이 존재한다. 고해상도의 영상을 제공하기 위해서는 LCD의 각 해상도가 작아져야 하며, 그러기 위해서는 사용된 LCD 패널의 픽셀 피치가 작아져야 한다. 사용한 LCD의 픽셀 피치를 p 라고 하면, 하나의 핀에서 출사 된 광이 LCD의 픽셀을 투과한 후 퍼져 나가는 각도는 근축 근사 내에서 다음과 같이 결정된다.

$$\theta_p = \frac{p}{2(d_p - d_m)} \tag{4.27}$$

따라서 가상 영상의 해상도만 고려하였을 때는 픽셀 피치를 줄여줌으로써 높은 각 해상도의 영상을 제공할 수 있다. 하지만 증강현실 디스플레이에서는 현실세계의 빛이 관측자에게 함께 전달되어야 한다. pin-light 디스플레이에서는 현실세계의 빛이 LCD를 투과하여 전달된다. 이때 LCD는 픽셀 구조로 이루어져 있으므로 회절 현상이 나타나게 된다. 한 픽셀에서의 최대 회절 각도는 다음과 같이 계산된다.

$$\theta_d = \frac{\lambda}{p} \tag{4.28}$$

픽셀 피치가 작아질수록 회절은 더 크게 나타나므로, 가상현실의 해상도와 실제 세계의 해상도는 서로 트레이드 오프 관계에 있다. pin-light 디스플레이의 최대 각 해상도는 두 조건이 서로 교차하는 점으로 찾을 수 있으며 아래와 같이 계산된다.

$$p_{opt} = \sqrt{2(d_p - d_m)\lambda} \tag{4.29}$$

$$r = \frac{1}{\left(\frac{180}{\pi}\right)\left(\frac{\lambda}{p_{opt}}\right)} \quad (4.30)$$

pin-light 디스플레이가 제안된 논문에서 사용된 파라미터들을 대입하면 각 해상도는 2 ~ 5 pixels/degree로 주어진다. 이 결과는 화각 100도의 시스템을 구현하였을 때, 최대 200 ~ 500 pixel의 영상이 제공되는 것으로 핀 라이트 시스템의 해상도 한계를 볼 수 있다.

이러한 해상도 이슈 이외에도, pin-light 디스플레이는 실제로 관측자에게 온전한 영상을 제공하기 어렵다는 가장 주요한 한계점을 가지고 있다. pin-light 디스플레이의 파라미터를 결정하는 관계식들을 살펴보면, 모든 파라미터들은 동공의 크기와 관측자의 초점 상태에 연관되어 있음을 확인할 수 있다. 이 두 파라미터는 주변환경에 따라 변하는 요인이다. 예를 들어, 동공의 크기는 주변이 밝으면 작아지고 어두운 환경에서는 커지며, 초점거리는 관측자가 보는 깊이에 따라 변하게 된다. 하지만 설계된 핀 배열의 간격, 핀 배열과 LCD 그리고 관측자 사이의 간격, 또한 계산된 LCD에 띄울 이미지는 특정한 동공의 크기와 초점거리 상태에 따라 설계된 값이다. 그러므로 주변 환경에 따라 온전한 가상 영상의 관측 여부가 변하게 된다. 그림 4-45는 이러한 설계 파라미터가 실제 관측자의 눈의 상태와 차이가 있을 때 관측되는 이미지를 시뮬레이션 한 결과이다. 만약 관측자의 동공의 크기가 설계한 수치보다 작게 될 경우, LCD위의 모든 정보가 핀 들을 통해서 관측자의 동공으로 전달될 수 없다. 이 경우, 그림 4-44(a)에 있는 것처럼 관측된 이미지는 사이사이가 빈 상태로 인지된다. 그림 4-44(b)는 관측자의 초점거리가 설계 치 보다 작은 경우로, 이 역시 온전한 영상을 인지할 수 없음을 확인할 수 있다. 정리하자면, 동공의 크기와 관측자의 초점거리가 설계치와 다를 경우 인지되는 영상은 의도한 영상이 갈라지거나 혹은 서로 겹쳐진 상태가 된다. 이외에도 pin-light 디스플레이는 관측자의 눈의 삼차원 위치 (x, y, z)가 설계된 위치 (x0, y0, z0)에 정확히 위치하여야 한다는 조건이 요구된다. pin-light 디스플레이는 LCD의 가상 영상이 핀 배열을 통하여 그대로 관측자의 망막에 전달되기 때문에, 각 핀 배열에 해당하는 영상들을 원점 대칭 변환하여 만들어야 한다 (그림 4-44(b)). 만약 관측자의 눈이 설계된 z = z0 평면 내에서 다른 x, y 좌표를 가진다면 (x1, y1, z0), 각 핀 배열은 의도하지 영역의 LCD 영상 정보들로 변조되어 동공을 통해 망막으로 전달된다. 이때 인지된 영상은 각 핀 배열의 중심을 기준으로 다시 원점 대칭이 일어나게 된다. 따라서, 동공의 위치와 핀 배열의 이차원 주기와 이은 선 상에 LCD 영상들의 주기가 맞지 않으면 서로 다른 두 점을 기준으로 원점 대칭이 두 번 발생하여 개별 요소 영상이 하나의 영상으로 정합되지 않고 어긋나게 된다 (그림 4-44(c)). 또한 만약 관측자의 눈의 위치가 z축 상에서 거리만 다른 경우에도 (x0, y0, z1), 두 원점 대칭의 주기가 달라지게 되므로 역시 분절되거나 반복되는 영상을 인지하게 된다 (그림 4-44(d)).

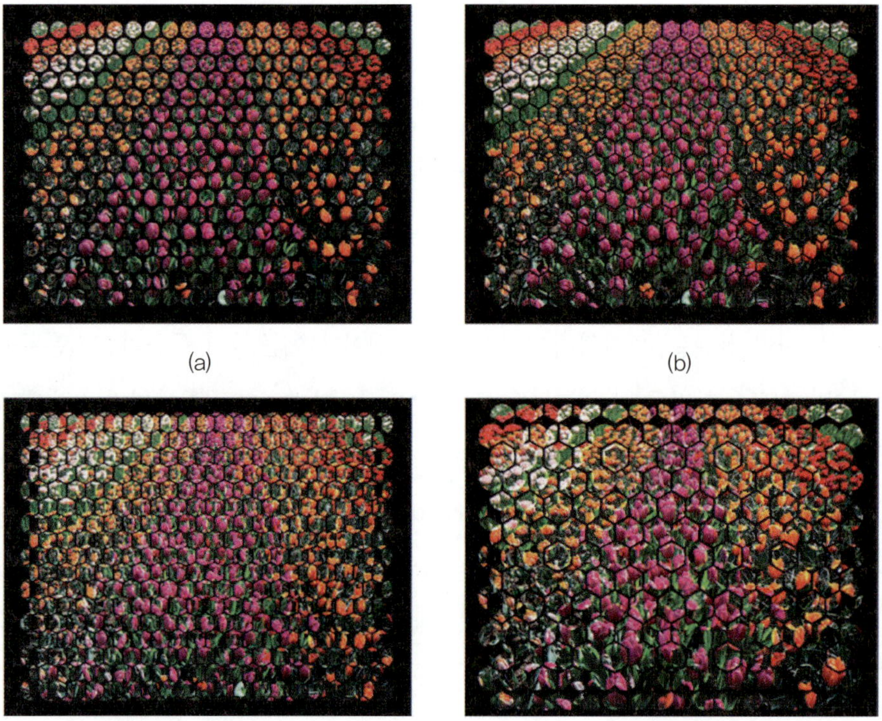

(a) (b) (c) (d)

▲ **그림 4-44.** 설계치와 실제 사용자의 눈 상태가 다를 경우의 관측되는 이미지. (a) 동공크기가 설계치보다 작을 경우. (b) 수정체 초점거리가 설계치보다 가까울 경우. (c) 동공의 위치가 설계한 위치로부터 벗어난 경우. (d) 동공까지의 거리가 설계치보다 가까운 경우

④ Pin-mirror AR 디스플레이

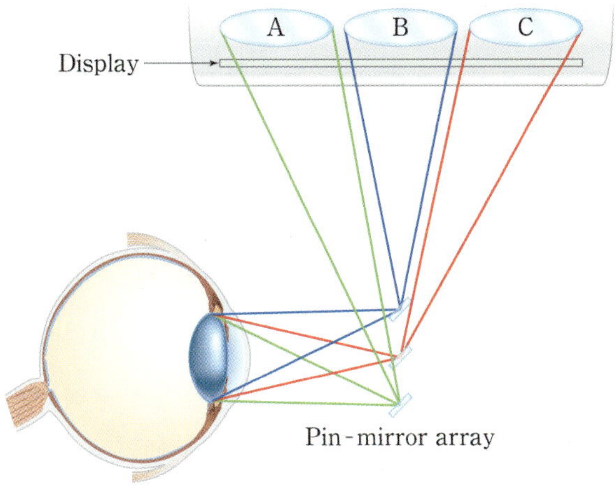

▲ **그림 4-45.** 핀 미러 디스플레이의 기본 구조

앞에서 소개한 pin-light 디스플레이의 컨셉을 핀 거울 배열을 통하여도 구현할 수 있다. 그림 4-45은 기본적인 pin-mirror AR 디스플레이의 개략도를 나타낸다. pin-mirror 디스플레이는 기존의 pin-light 디스플레이에서 점광원 배열을 거울 배열로 바꾸었으며, 눈 앞에 존재하던 LCD를 거울의 반사 각에 맞추어 디스플레이로 교체한다. pin-light 디스플레이와 마찬가지로, 기하광학을 통하여 관측자 안구의 위치, pin-mirror 배열의 위치 및 간격, 그리고 디스플레이의 위치와 띄워 주어야하는 이미지를 계산할 수 있다. pin-mirror 디스플레이에서는 백라이트가 부착된 LCD 패널, OLED, 마이크로 디스플레이 등을 사용한다. 참고로 pin-light 디스플레이에서는 점광원 배열이 광원으로 사용되므로 LCD에서 백 라이트를 제거한 뒤 SLM으로 사용했다. pin mirror 디스플레이의 구조를 살펴보면, 관측자의 눈을 기준으로 디스플레이가 핀 거울보다 더 뒤에 위치하게 된다. 각각의 pin-mirror를 통해 망막에 영상 (A, B, C)가 원점 대칭없이 전달된다. 따라서 앞서 4.4.3 장에서 소개한, pin-light 디스플레이에서 사용자의 눈의 위치가 설계된 삼차원 위치가 아닐 경우 발생하는 요소 영상간의 어긋남이 pin-mirror 디스플레이에서는 발생하지 않는다. 다만 동공의 크기, 수정체의 초점거리에 따라 발생하는 요소 영상간의 공백이나 요소 영상이 겹치는 효과는 여전히 발생한다.

4.5 센서, 디스플레이 장치

① AR/VR 장치를 위한 센서의 개요

AR/VR 장치가 스마트폰 이후의 차세대 패러다임으로 주목받으면서 이에 알맞은 새로운 인터페이스들이 요구되고 있다. 기존의 데스크탑, 랩탑, 태블릿 PC, 스마트폰에서 사용하는 인터페이스 장치들은 키보드, 마우스, 터치스크린 등이 보편적이지만, 기존의 인터페이스 장치를 AR/VR 장치에 그대로 적용하기에는 무리가 있다 [27]. AR/VR 장치에 적합한 인터페이스는 사용자가 장치를 착용한 채로 자유롭게 움직일 수 있어야 하고, 증강, 가상세계에서도 편리하게 이용할 수 있어야 한다 [28]. 최근 이러한 요구 조건들에 맞추어 새로운 인터페이스 장치에 적용 가능한 다양한 센서들이 개발되고 있다. 대표적으로, Eye-tracker로 불리는 시선 추적 센서, 관성 측정 장치를 사용하는 동작 인식 센서, 주변 환경을 인식하는 3차원 깊이 센서가 있으며 [29], 해당 센서들을 통해 AR/VR 장치의 사용자들에게 높은 몰입도의 새로운 경험을 제공할 수 있다.

② 시선 추적 센서

Eye-tracker로도 불리는 시선 추적 센서는 사용자의 눈의 위치와 움직임을 추적하는 장치이다. 시선 추적 센서는 다양한 분야에서 활용되고 있는데, 각종 심리학 및 뇌과학 분야에서 시각적 정보를 처리하는데 활용되기도 하고 소비자의 관심을 객관적으로 평가하기 위하여 광고 및 마케팅에도 활용된다. 또한, 사용자의 경험과 인터페이스를 최적화하기 위한 데이터 획득으로도 사용되고 의료 분야의 임상시험에 사용되기도 한다. 시선 추적 센서는 AR/VR 장치에서도 중요한 역할을 하고 있다 [30]. 첫째로, 포비에티드 이미지 처리 기술 (foveated image processing)에 활용될 수 있다. 그림 4-46과 같이 사람이 인지하는 영상의 해상도는 망막의 중심부분에서 매우 높고 주변부분에서는 현저히 저하된다 [31].

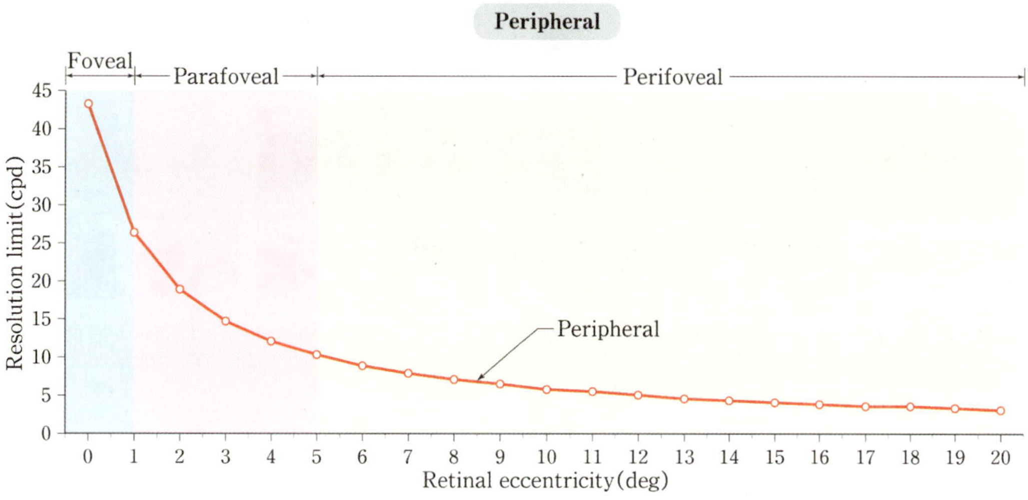

▲ **그림 4-46.** 망막의 중심으로부터 벗어난 각도에 따른 눈의 분해능 그래프

따라서, 망막의 주변부분까지 고해상도의 이미지를 제공해주는 것은 디스플레이 화질의 낭비가 된다. 디스플레이를 보다 효율적으로 활용하기 위해 사람이 응시하는 곳의 중심부분은 고해상도 영상을 재생하고 주변 부분은 저해상도의 영상을 재생함으로써 디스플레이의 화소를 효율적으로 활용하고 영상 처리의 연산량과 연산속도를 높일 수 있다. 이 때, 사람이 응시하는 곳을 추적하는 장치를 시선 추적 센서를 이용해 구현할 수 있다. 둘째로, AR/VR 장치의 부족한 재생 환경을 개선하는데 도움을 줄 수 있다. AR/VR 장치는 부족한 화각과 아이박스 문제를 수반하고 있고 이 두 가지 요소는 서로 맞물려 있기 때문에 어느 한 요소가 증가하면 다른 요소는 감소할 수밖에 없다. 특히 증강현실 장치에서의 화각과 아이박스 문제는 장치의 상용화에 중요한 문제이다. 이를 해결하기 위한 하나의 방법으로 시선 추적 센서를 활용하는 방법이 연구되고 있는데 [32], 사용자의 동공의 위치를 추적하면서 동공의 위치 주변부에 영상을 투사해주는 방법이다. 광학적으로 제공해줄 수 있는 영상을 시청할 수 있는 영역이 제한되는 경우, 그림 4-47과 같이 동공의 위치를 추적하여 영상을 제공해주는 곳의 위치를 바꿔가면서 시청자가 시청할 수 있는 영역을 넓혀준다.

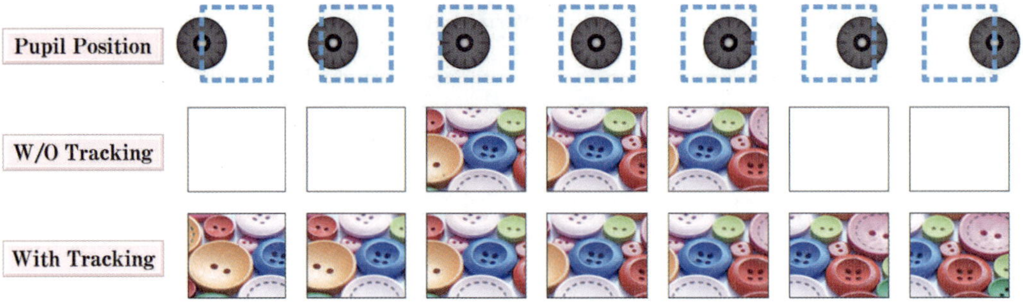

▲ **그림 4-47.** 시선 추적 센서를 이용하지 않는 증강현실 장치와 시선 추적 센서에 의해 넓어진 시야창을 갖는 증강현실 장치의 비교

시선 추적 센서는 구현하는 원리에 따라서 안구 부착식 추적 기술 (eye-attached tracking), 광학적 추적 기술 (optical tracking), 전위 측정 기술 (electric potential measurement) 등으로 구분된다. 안구 부착식 추적 기술은 전자기 유도 현상을 이용하는 기술이다. 외부 실험 환경에서 전자기장을 걸어주고 작은 코일이 달린 렌즈를 사용자가 착용한다. 사용자의 눈이 움직이면 전자기 유도에 의해 코일에 생성된 신호를 관찰하여 눈의 움직임을 추적하는 원리이다. 정확도가 높다는 장점이 있지만 외부 전자기장을 걸어주어야 하므로 실험 환경이 조성되어야만 구동 가능하다는 점에서 일반인에게 제공되는 제품으로 적용하기에는 무리가 있다.

광학적 추적 기술은 비접촉식 추적 기술로써, 근적외선 광원을 안구에 조사하여 안구에서 반사된 영상을 촬영하여 분석하는 기술이다. 안구에서 반사되는 반사광은 그림 4-48과 같이 푸르키네 이미지 (Purkinje images)라고 하는 4가지 이미지로 구분된다.

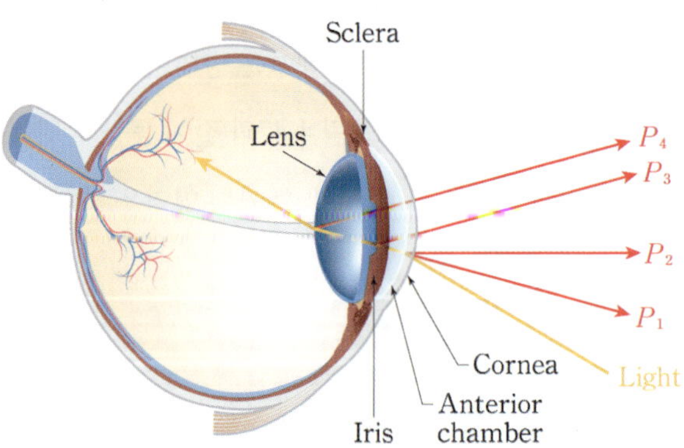

▲ **그림 4-48.** 안구에 입사된 빛이 반사되는 위치에 따른 구분되는 푸르키네 이미지

푸르키녜 이미지는 1차 이미지부터 4차 이미지까지 각각 각막의 표면에서 반사된 영상, 각만의 안쪽면에서 반사된 영상, 수정체의 표면에서 반사된 영상, 수정체의 안쪽면에서 반사된 영상을 일컫는다. 보다 정밀한 추적을 위해서는 1차와 4차 푸르키녜 이미지를 활용하고, 가벼운 추적 장치에서는 1차 푸르키녜 이미지를 사용하는 시선 추적 장치들도 있다. 그 외에도 각막과 망막 사이의 전위차가 형성되는 것을 이용하는 전위 측정 기술이 있는데 여러 개의 전극을 눈 주변부에 부착해야 한다는 번거로움이 있고 정확성이 떨어져 최근에는 거의 사용되지 않는 기술이다.

시선 추적 센서는 AR/VR뿐 아니라 의료, 광고, 마케팅, 게임 등의 산업계에 영향을 미칠 중요한 센서이다. 현재 상용화된 시제품들이 다양한 기업들로부터 출시되고 있으며 정확성, 프레임 속도, 지연 시간 측면에서 상당히 우수한 성능을 제공한다. 이를 이용한 어플리케이션과 컨텐츠의 활용이 충분하다면 사회적으로 큰 파급력을 지닐 것으로 기대된다.

3 동작 인식 센서

자연스러운 증강 현실 영상을 제공하기 위해서는 사용자의 동작을 고려해야 한다. 현재 상용화 되어있는 마이크로 소프트의 HoloLens의 경우 SLAM (simultaneous localization and mapping) 알고리즘을 통해 사용자의 시선에 따른 상대적 위치를 고려한 가상 영상을 제공하여 가상 영상이 실제 환경에서 고정된 위치에 있는것과 같은 효과를 준다 [33]. 이를 통해 사용자는 더욱 실감나는 증강 현실을 경험할 수 있기 때문에 사용자의 시선 방향이나 고개를 돌리는 속도 등 동작 정보를 알아내는 것은 중요한 문제이다.

동작 인식 센서는 사용자의 움직임을 파악하기 위한 정보들을 수집하는 센서이다. 기존에는 자동차, 비행기 등 교통수단의 네비게이션 용도로 많이 사용되었는데, 센서의 소형화와 모바일 기기의 발전으로 인해 현재 스마트폰, 스마트 워치, 드론 등 다양한 영역에서 사용되고 있다. 동작 인식 센서는 원리에 따라서 크게 가속도 센서, 자이로스코프 센서, 그리고 자기력 센서로 나눌 수 있다.

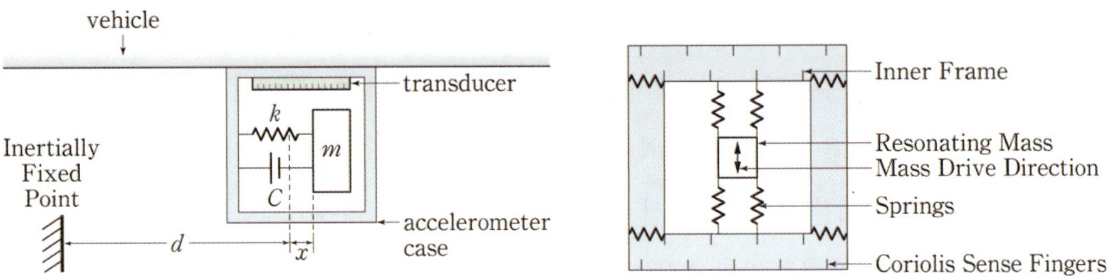

▲ **그림 4-49.** 가속도 센서의 개념도와 코리올리 진동 자이로스코프 센서의 개념도

가속도 센서는 물체의 병진 방향 가속도를 측정하는 장치이다. 그림 4-49의 왼쪽 그림은 가속도계 센서의 개념도이다 [34]. 질량-스프링-감쇠 모델의 형태로 되어있는 센서는 장치가 병진 방향 가속도를 받게 되면 스프링의 길이가 변화한다. 스프링의 변위가 가속도에 의존하기 때문에 측정된 변위를 통해 물체의 가속도를 측정할 수 있다.

자이로스코프 센서는 회전 동작을 감지하는 장치로, 회전 원판과 짐벌로 이루어진 자이로스코프를 사용하는 센서를 원형으로 하여 현재는 다양한 원리의 자이로스코프 센서가 사용되고 있다. 많이 사용되는 자이로스코프 센서 중 하나는 코리올리 진동 자이로스코프이다. 코리올리 효과를 이용한 센서로, 그림 4-49의 오른쪽 그림과 같은 개념도를 가진다 [34]. 코리올리 효과는 회전하는 계 위에서 이동하는 물체가 이동방향에 수직한 방향으로 힘을 받는 효과이다. 코리올리 진동 자이로스코프는 센서 위에 계속해서 진동하는 물체를 놓고 그 물체가 진동방향에 수직한 방향으로 받는 힘을 측정하여 물체의 회전 속도를 감지한다.

자기력 센서는 물체의 진행방향을 측정하는 센서로, 지구 자기장이 어디에서나 북쪽을 가리키는 것을 이용하여 지자기 방향을 측정해 물체의 이동 방향을 알아낸다. X축, y축, z축 방향의 가속도 센서와 x축, y축, z축을 회전축으로 하는 자이로스코프 센서를 이용하면 물체의 완전한 동작을 알아낼 수 있기 때문에, 자기력 센서는 새로운 정보를 수집하는 것 보다는 주로 앞의 센서들을 보완해 주는 역할을 한다 [35]. 앞서 설명한 자이로스코프 센서는 물체의 각속도를 측정하기 때문에 물체의 총 회전 각도를 구하기 위해서는 측정한 각속도를 적분을 한다. 이렇게 적분을 하는 경우 센서의 오차 값이 누적이 되기 때문에 오랜 시간이 흐르게 되면 누적된 오차값이 매우 커져 부정확한 측정값을 구하게 된다. 이를 자이로스코프 드리프트라고 하는데, 이러한 현상을 막기위한 기준 값으로 자기력 센서의 정보를 이용한다.

동작 감지 센서들은 증강 현실 장치에 매우 필수적인 요소들이다. 동작 감지가 빠르고 정확 할수록 사용자에게 자연스러운 영상을 제공할 수 있기 때문에 이를 위한 센서 및 알고리즘이 현재도 개발 중이다. 또한, 가볍고 소형화된 증강 현실 장치를 위해서 센서의 소형화에 관한 연구들도 이루어지고 있다.

4 3차원 깊이 센서

증강 현실 장치는 컴퓨터로 생성된 가상의 영상이 실제 환경에 사실적으로 나타나도록 하기 위한 정밀하고 복잡한 감지가 필요하다. 그림 4-50은 2019년 6월에 애플이 공개한 증강현실 재생 영상이다 [36]. 사용자가 안경처럼 착용하는 형태의 증강현실 장치가 아닌 모바일 장치의 카메라와 이미지 후처리 작업을 이용해 디스플레이 상에 증강현실을 구현하였다.

▲ **그림 4-50.** 2019년 애플이 공개한 증강 현실 재생 영상. 재생된 가상의 영상이 실제 환경과 조화를 이루며 재생되며 폐색(occlusion)이 구현되어 있다

해당 그림을 보면 배경이 되는 실제 환경에 적절히 조화로운 가상의 물체들이 재생되어 있다. 예를 들어, 체스 말들과 북을 치는 호두까기 인형은 바닥에 올려져 있듯 적절한 각도와 높이에 재생되었고, 재생된 가상 영상 뒤편에 있는 실제 세계는 가려져 보이지 않는 폐색(occlusion)이 구현되어 있다. 이처럼, 실제 환경과 조화를 이루는 가상의 영상을 재생하기 위해서는 주변 환경에 대한 정보를

인식하는 3차원 깊이 센서가 필수적이다. 3차원 깊이 센서는 구현 방식에 따라 ToF (time of flight) 방식, 스테레오 (stereo) 방식, 구조광 (structured pattern) 방식, 그리고 이러한 방식들을 적절히 조합한 하이브리드 방식으로 구분된다.

ToF 방식의 카메라는 광원, 이미징 광학계, 이미지 센서, 동기화 컨트롤러 등으로 구성된다. 광원에서 발산된 빛이 물체에서 반사되어 돌아올 때 이미지 센서가 이를 측정하고, 측정된 빛의 위상 변화 혹은 측정될 때까지의 시간 지연을 이용하여 카메라와 물체 사이의 거리를 계산한다 [37]. 해당 방법은 광원부와 센서 사이의 동기화가 특히 중요하며, 빛의 속도가 매우 빠르기 때문에 10ps 정도의 오차가 발생하더라도 물체의 깊이 오차는 1.5mm가 발생한다. 단순한 구성과 얇고 가벼운 폼팩터의 장점을 갖고 있기 때문에 삼성의 갤럭시 노트10과 같은 모바일 기기에 탑재되는 등 많이 활용되고 있지만 외부 배경 광에 의한 노이즈에 취약하다는 단점을 가지고 있다.

스테레오 방식은 두 개의 이미지 센서를 결합하여 사용하는 3차원 깊이 측정 방식으로 두 센서 사이의 시점 불일치를 이용하는 방식이다. 그림 4-51은 스테레오 방식이 구현되는 간단한 원리를 나타낸다 [38]. 두 카메라 사이의 거리, 카메라가 기울어진 각도, 카메라로 촬영된 이미지에서 원하는 점의 위치를 이용하면 원하는 점의 깊이를 계산할 수 있다.

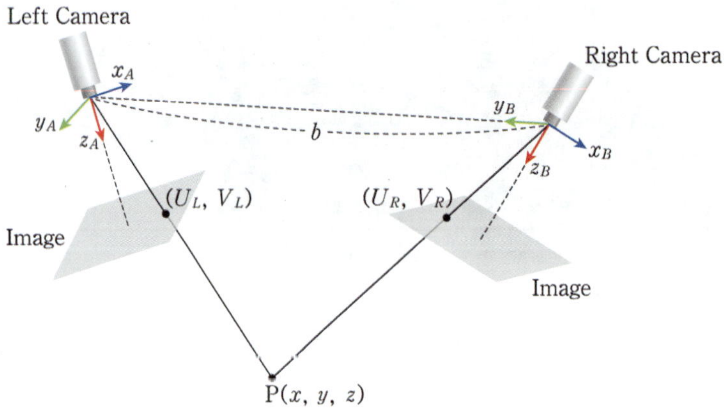

▲ **그림 4-51.** 3차원 깊이 센서의 한 방식인 스테레오 방식의 구현 원리. 두 개의 카메라가 기울어진 각도, 떨어진 거리, 촬영된 이미지 두 개를 이용하여 원하는 점의 깊이를 계산할 수 있다

구조광 방식의 깊이 측정 방법은 프로젝터를 이용해 이미 알고 있는 구조광을 투사하고 물체에 의해 반사된 구조광을 촬영하여 물체의 깊이를 측정한다. 물체 표면의 분포, 깊이에 따라 구조광이 왜

곡되는 정도가 다르다는 것을 이용하여 기존의 구조광과 왜곡된 구조광을 수학적으로 분석하여 삼각측량법을 통해 물체의 위치를 계산한다.

3차원 깊이 센서는 증강현실 외에도 사람의 몸짓 및 동작을 인식하는 인터페이스 개발, 자율 주행 자동차, 로봇, 드론 등 다양한 분야에 활용될 수 있다. 앞으로 반도체의 소형화 기술이 발전하면서 3차원 깊이 센서의 성능은 더 좋아지면서 소형화 될 전망이다.

5 AR/VR 장치를 위한 디스플레이의 개요

AR/VR에서 제공되는 가상의 영상은 디스플레이 장치로부터 제공되는 정보들이다. 관찰자가 가상의 영상을 현실 세계와 비슷하게 경험하기 위해서는 화각 120° 이상, 프레임 속도 120Hz 이상의 영상이 요구되고 시력이 1.0인 사람을 기준으로 최대 1/60° 각도의 점을 구분할 수 있기 때문에 [42] 60cpd (cycle per degree) 이상의 해상도를 제공해야 한다. 그림 4-52는 AR/VR 장치의 시야각에 따른 각도당 화소수를 디스플레이의 화질에 따라 나타낸 그래프이다 [39].

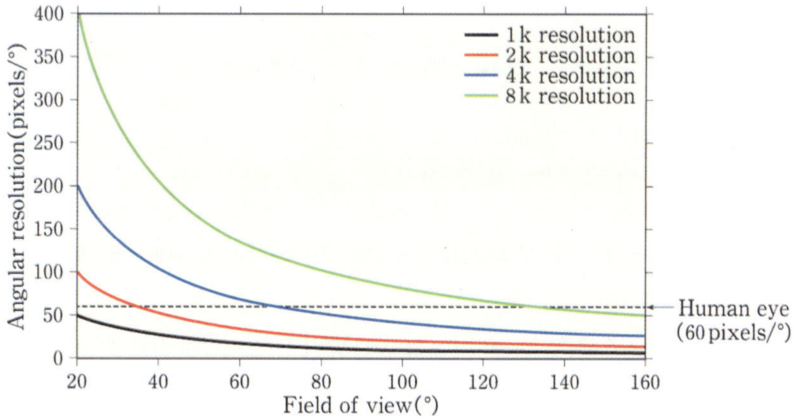

▲ **그림 4-52.** 재생된 영상의 시야각에 따른 각도당 화소수를 나타낸 그래프. 그래프는 패널의 화소를 1k, 2k, 4k, 8k로 구분하여 각각 도시되었다

사람 눈의 해상도를 고려하였을 때, 최소 8k급 화소의 디스플레이 패널이 요구되는 것을 알 수 있다. 하지만 디스플레이 패널이 사람이 착용 가능한 안경형 장치에 탑재되어야 하므로 패널의 크기도 매우 작은 크기로 제한된다. 패널의 크기를 1cm로 가정하였을 때, 픽셀 하나의 크기가 1.25 μm 로 현재 기술 수준을 넘어설 정도의 미세 크기를 갖는다는 한계점이 있다. 이외에도, 초고해상도 패널에

업로드 되는 고용량의 정보를 처리할 수 있는 컨트롤러와 프로세서의 문제, 20 msec 이하의 매우 짧은 지연속도 확보의 문제 [13] 등 다양한 극복해야 할 과제들이 남아있다. 이에 대한 연구들은 크게 액정 디스플레이, 유기 발광 다이오드 디스플레이, 마이크로 발광 디스플레이로 구분되어 진행 중이다.

6 액정 디스플레이

Liquid-crystal display (LCD)로도 불리는 액정 디스플레이는 액정 분자의 편광에 따른 굴절률 차이를 이용하여 입사광을 변조해주는 장치이다. 일반적으로, 그림 4-53과 같이 편광판, 투명 전극이 포함된 유리 기판, 액정 분자로 이루어져 있으며 스스로 발광하지 않고 외부에서 조사되는 광을 변조한다 [40].

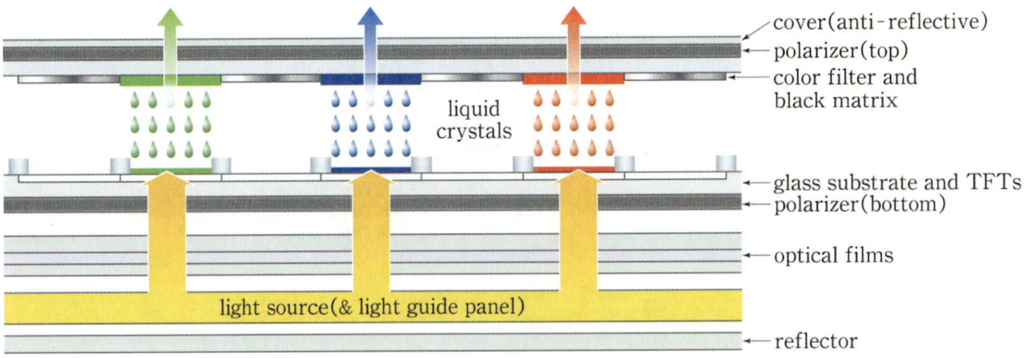

▲ 그림 4-53. 액정 디스플레이를 구성하고 있는 소자들을 나타내는 모식도

외부에서 조사되는 광을 변조해준다는 의미에서 공간광변조기로도 불리는데, 이는 홀로그래픽 디스플레이를 활용한 AR/VR 장치에 액정 디스플레이가 사용되는 중요한 특성이다. 홀로그래픽 AR/VR 장치는 홀로그래픽 디스플레이가 기반이 되기 때문에 광원으로 레이저, 레이저 다이오드와 같은 가간섭성 광원을 사용한다. 액정 디스플레이는 조사되는 광을 변조해 주는 부분과 광원부를 분리할 수 있기 때문에 광원부를 레이저와 같은 가간섭성 광원을 사용하여 홀로그래픽 디스플레이를 구성할 수 있다. 실제로 홀로그래픽 AR/VR 장치를 위해 liquid-crystal on silicon (LCoS)으로 불리는 소형화된 액정 디스플레이를 활용한 연구들이 진행되고 있다 [41]. 현재, BOE Technology Group, Jasper Display Corp. 등 세계 각국의 기업들에서 고해상도 액정 디스플레이 패널을 생산하

고자 노력하고 있지만 아직 4k급 해상도에 머물러 있어 홀로그래픽 AR/VR가 상용화되기에는 무리가 있다.

7 유기 발광 다이오드 디스플레이

Organic light-emitting diode (OLED)로 주로 알려진 유기 발광 다이오드는 유기물층 위에 전기적으로 구동 가능한 자체 발광 소자가 결합되어 있는 디스플레이 패널을 말한다. 액정 디스플레이와는 대조적으로 별도의 광원이 필요 없이 자체 발광하는 특성이 있기 때문에 박막화가 가능하여 무게가 가볍고 두께를 얇게 제작할 수 있다. 또한, 앞, 뒤의 수직한 편광판을 이용하는 액정 디스플레이와 다르게 전기적으로 각각의 픽셀을 개별적으로 발광시킬 수 있기 때문에 광학적으로 완전한 블랙을 표현할 수 있어 명암비가 우수하다는 평을 받는다. 또한, 응답속도가 빠르고 전력 효율이 높다는 장점이 있다. 언급한 다양한 장점들 외에 소자의 수명이 짧아서 같은 색을 오랫동안 발광하면 열화 현상이 일어나 얼룩이 생긴다는 단점이 있지만, 다른 우수한 장점들로 인해 액정 디스플레이의 대체할 차세대 디스플레이로 각광받으며 열화 현상을 줄이려는 연구들이 진행되고 있다. AR/VR 장치에서도 마찬가지로, 간섭성 광원을 사용해야 하는 홀로그래픽 AR/VR 장치 외에는 매우 작은 폼팩터를 갖는 마이크로 OLED 디스플레이가 AR/VR 장치를 위한 디스플레이로 각광받고 있다. 대부분의 마이크로 OLED 패널은 그림 4-54와 같이 실리콘 웨이퍼와 CMOS 공정을 사용하여 제작된다 [42].

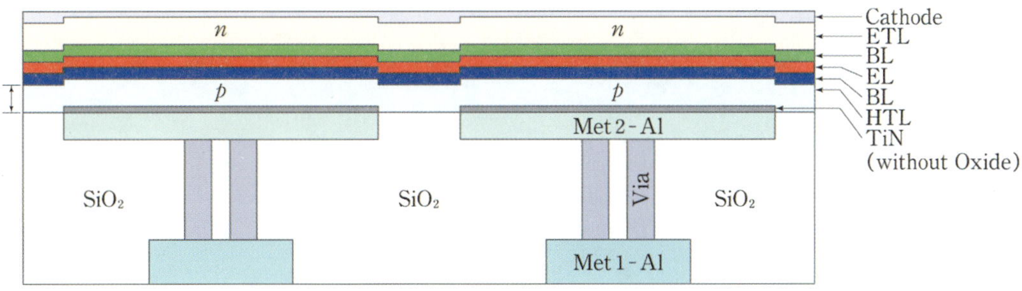

▲ 그림 4-54. 일반적인 마이크로 OLED 패널의 구성도

이와 같은 마이크로 OLED 디스플레이는, OLED 패널을 실리콘 웨이퍼에 적용한 디스플레이라는 의미에서 organic light-emitting diode on silicon (OLEDoS) 또는 Si-OLED로 불리기도 한다. OLEDoS

는 마이크로 디스플레이라는 점에서 LCoS와 비교되는데, OLED의 장점을 그대로 갖고 있기 때문에 명암비, 응답속도, 전력 효율, 크기와 무게 측면에서 장점을 갖고 있다. 하지만 외부 환경과 함께 시청해야 하는 증강현실 장치에 적용할 때 휘도가 부족하다는 평을 받고 있어 이 부분에 대한 연구 개발은 필요한 상황이다.

CHAPTER

5 이슈 및 최근 기술

5.1 단안 깊이 단서 제공

AR/VR 디스플레이는 가상 영상을 3D 깊이감과 함께 제공하여 실제와 같은 AR/VR 경험을 제공한다. 그러나 보통의 AR/VR 디스플레이에서는, 깊이감이 인지되는 거리는 표현되는 영상의 양안 시차에 의하여 가변되는데 반하여 각 눈이 물리적으로 보는 영상들은 디스플레이 시스템에 의하여 정해진 허상 거리에 고정되어 있다. 이는 수렴-조절 불일치(VAC) 문제를 일으키며 AR/VR 경험에서 다양한 부작용을 낳는다.

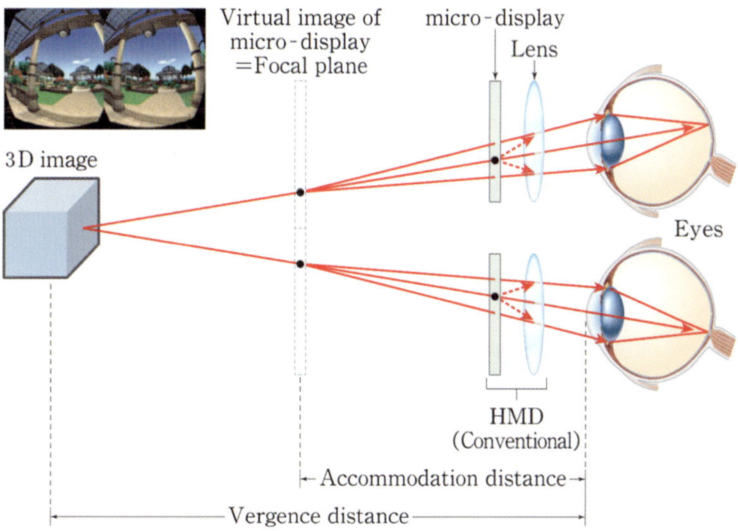

▲ 그림 5-1. Vergence–accommodation conflict

그림 5-1은 일반적인 AR/VR 디스플레이의 결상 구조를 보여준다. 사용자의 각 눈에 대하여 해당하는 마이크로 디스플레이 패널은 볼록 렌즈에 의하여 확대되고 눈으로부터 먼 거리에 허상을 형성한다. 눈의 수정체 초점 거리는 이러한 허상을 망막에 선명하게 맺기 위하여 조절된다. 이 때 디스플레이 패널의 허상 거리는 조절 거리 (Accommodation distance)로 불리며, AR/VR 디스플레이 광학계에 의하여 결정되어 표시하는 영상 콘텐츠에 관계없이 일정하다. 반면, 사용자 두 눈의 광축 각도는 각 눈이 보는 디스플레이 패널의 허상이 눈의 망막 중심와에 결상되도록 회전하게 되며, 이를 눈의 양안 수렴 반응이라고 한다. 이 때, 수렴 거리는 고정되어 있지 않으며 양안에 표시되는 영상 간의 시차에 의하여 제어된다. 따라서 사용자 눈의 양안 수렴 거리와 단안 초점 조절 거리에 편차가 발생하며 이를 VAC라고 부른다.

사람의 시각 인지 체계에서 양안 수렴 거리와 단안 초점 거리는 물체의 깊이를 인지하는데 모두 중요하다. 현실 세계에서의 일상 생활에서, 이 두 거리는 실제 물체 거리에 잘 맞으며 시각 인지 체계에 일관성 있는 깊이 정보를 제공한다. 그러나 AR/VR 디스플레이에서는 양안 수렴 거리는 영상 콘텐츠에 따라 가변하는 데 반해, 단안 초점 조절 거리는 디스플레이 패널의 허상 거리로 고정되어 있다. 사람의 시각 인지 체계에서 양안 수렴 거리가 보다 더 강한 깊이 인식 단서로서 작용하므로 영상은 여전히 3D 입체로 인지된다. 그러나 이들 두 깊이 인식 단서들 간의 불일치는 사용자에게 불편한 경험을 제공한다. 이러한 VAC는 어지럼증과 멀미의 주요한 원인 중 하나로 알려져 있으며, 특히 AR/VR 디스플레이를 장시간 사용할 때 그 문제가 증가한다.

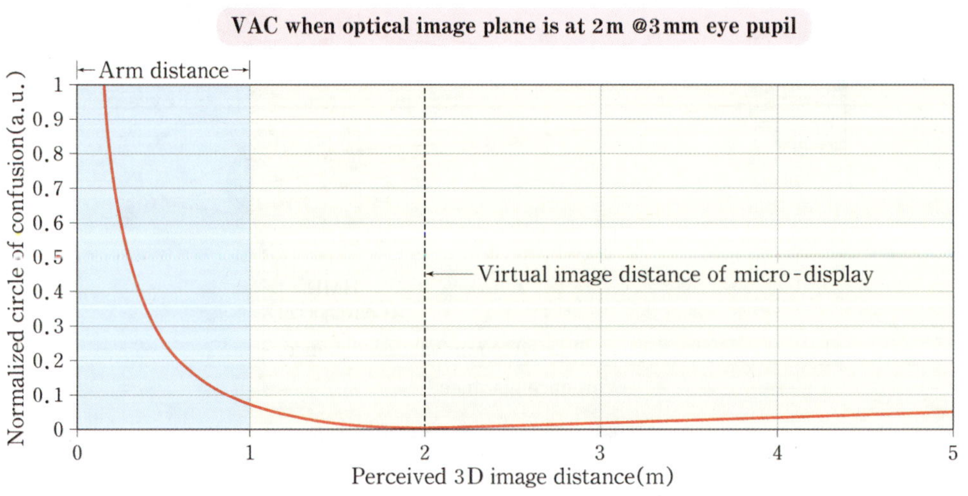

▲ 그림 5-2. Defocus blur vs. image distance

VAC 문제는 비단 AR/VR 디스플레이에만 특징적인 것은 아니며, 양안 시차에만 의존하는 일반적인 3D 디스플레이에도 동시에 적용된다. 그러나 VAC는 특히 AR/VR 디스플레이에서 매우 중요하며, 이는 VAC 문제가 심각해지는 1m 이내의 영상 거리 (즉 사용자의 팔이 닿는 거리)가 사용자와 영상 간의 상호작용을 위하여 AR/VR 응용에서 중요하기 때문이다. 그림 5-2는 눈이 마이크로 디스플레이 패널의 허상 거리 2m에 초점을 맺고 있을 때, 다양한 3D 영상 거리에 따른 눈의 망막에서의 영상 흐려짐 (circle of confusion)을 도시한다. 그림 5-2에서 보듯이, 3D 영상 거리가 광학적 허상 거리보다 멀 때는 VAC에 의한 영상 흐려짐이 심각하지 않다. 그러나 3D 영상 거리가 짧아지면, 특히 사용자로부터 1m 이내로 들어오면 영상 흐려짐이 급격히 증가하는 것을 볼 수 있다. 1m 이내의 짧은 3D 영상 거리는 사용자가 팔을 뻗어 영상과 상호 작용을 할 수 있는 거리이므로 AR/VR 응용에서 대단히 중요하다. VAC 문제는 이 영상 거리에서 특히 심각하며, 따라서 자연스럽고 편안한 사용자 경험을 위하여 이 VAC 문제는 AR/VR 디스플레이 기기에서 반드시 해결되어야 하는 이슈 중 하나이다.

이러한 VAC 문제를 해결하기 위하여 다양한 기법들이 AR/VR 디스플레이에서 제안되고 있다. 그림 5-3은 맥스웰리안 디스플레이, 다중 영상면 디스플레이, 가변 초점 디스플레이, 라이트필드 디스플레이, 홀로그래픽 디스플레이 등 VAC를 해결하기 위해 제안되고 있는 기법들의 예시를 보여준다. 본 절이 이하에서는 이들 기술들에 대하여 간략히 살펴본다.

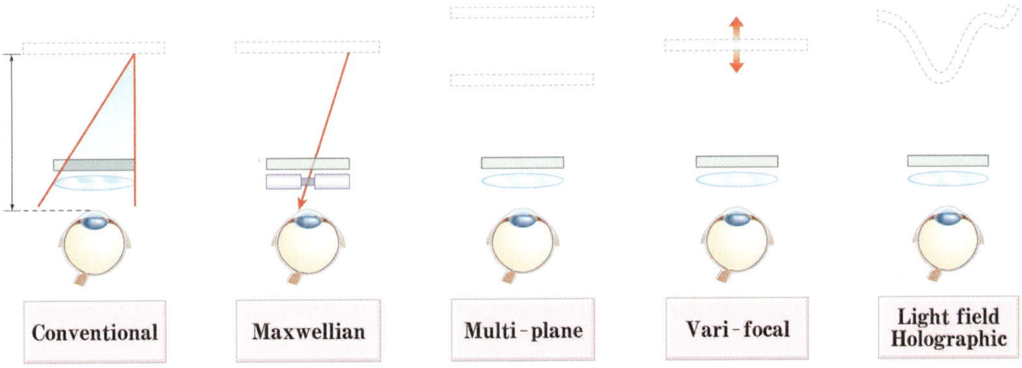

▲ **그림 5-3.** Techniques mitigating VAC

① 맥스웰리안 디스플레이

맥스웰리안 디스플레이, 혹은 망막 투사 디스플레이는 심도(depth of focus)가 매우 깊은 영상을 제공함으로써 VAC 문제를 부분적으로 회피한다. 그림 5-4는 사용자 눈의 동공 크기와 영상의 심도 사이의 관계를 보여준다. 사용자의 눈이 그림 5-4의 빨간 색 물체점에 초점을 맞추었다고 가정해 보자. 이 때, 광축에서 다른 거리에 위치한 파란 색 물체점은 사용자 눈의 망막에 선명하게 초점을 맺지 못하고 퍼진 원의 형태로 결상될 것이다. 이때 퍼짐의 정도, 즉 circle of confusion은 사용자 눈의 동공 크기에 비례한다. 만약 동공 크기가 매우 작다면 퍼짐의 정도도 줄어들 것이며, 넓은 깊이 범위에서 준수하게 선명한 영상을 볼 수 있을 것이다. 맥스웰리안 디스플레이는 이와 같은 동공 크기의 감소로 인한 영상 심도의 증가를 활용한다.

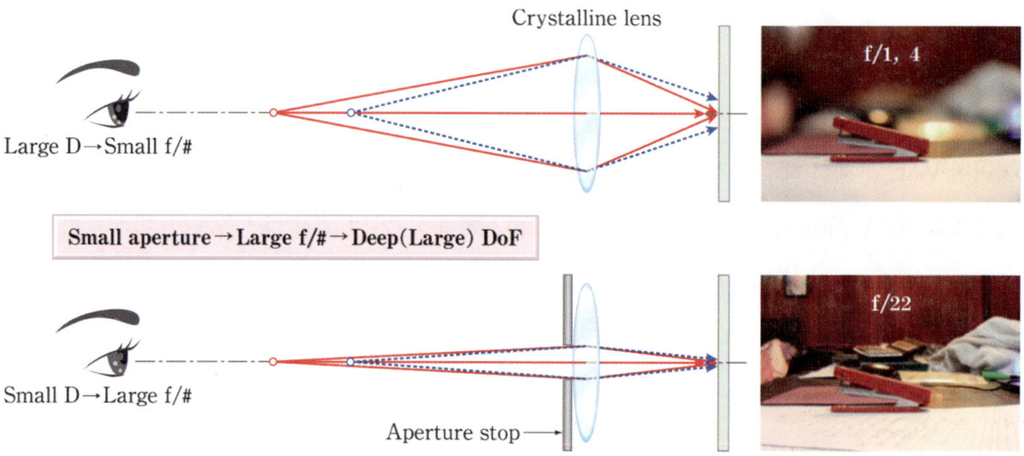

▲ 그림 5-4. Depth of focus and aperture size

그림 5-5는 몇 가지 맥스웰리안 디스플레이의 구현 예를 보여준다. 일반적인 환경에서 사람의 눈은 약 2 mm에서 5 mm 사이의 동공 크기를 갖는다. 표시 영상의 심도를 증가시키기 위해서는 디스플레이의 출사동 구경을 일반적인 사용자 눈의 유효 동공 크기보다 줄여야 한다. 그림 5-5(a)에 표시된 구성에서는 눈의 유효 동공 크기 축소를 위하여 얇은 레이저 빔을 사용자의 눈에 직접 조사한다. 레이저 빔은 MEMS 거울을 이용하여 사용자 안구 망막면을 2차원적으로 스캐닝한다. 레이저 빔의 세기는 스캐닝 거울과 동기화되어 변조되어 망막에 직접 표시 영상을 쓰게 된다. 이러한 맥스웰리안 디스플레이의 광학계는 MEMS 거울의 상을 사용자 눈의 동공에 결상하여, 레이저 빔이 동공을 통과하는 위치를 스캐닝에 관계없이 고정시킨다. 따라서 사용자 눈의 유효 동공 크기는 레이저 빔

의 폭으로 결정되며 이는 일반적으로 1mm 이내이다. 이와 같이 줄어든 유효 동공 크기는 영상의 심도를 확장시키며, 사용자 눈의 단안 초점 거리 (수정체의 초점 거리)와 관계없이 언제나 선명한 영상이 관측될 수 있도록 한다.

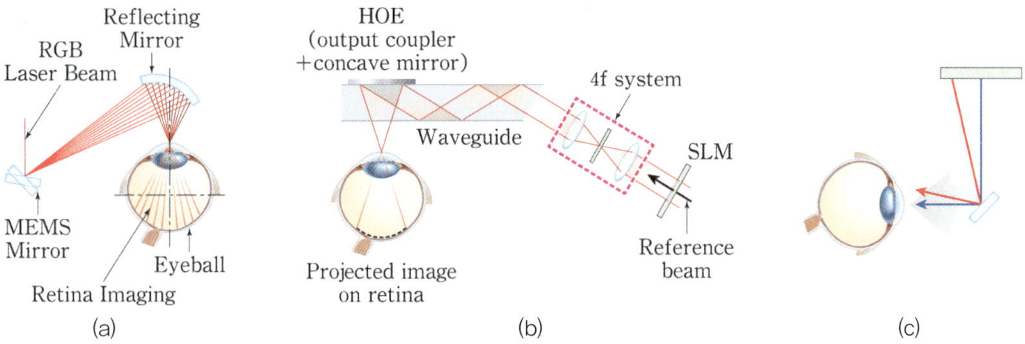

▲ **그림 5-5.** Examples of the Maxwellian display implementations. (a) Laser beam scanning [1] (b) beam focusing on the eye pupil plane (c) pin mirror

그림 5-5(b)는 다른 구성의 맥스웰리안 디스플레이의 예이다. 평행광이 공간광변조기(SLM)에 의하여 표시하고자 하는 영상으로 변조된 후 눈 동공 면의 한 점으로 수렴 포커싱된다. 유효 동공 크기는 포커싱된 초점의 크기로 제한되며, 따라서 투사된 영상의 초점 심도도 증가한다. 눈 앞의 포커싱 광학계는 홀로그래픽 광학 소자(HOE)등의 회절 기반 광소자로 구현될 수 있으며, 따라서 본 구성은 Optical-See-Through 타입의 AR 디스플레이에 용이하게 적용될 수 있다.

마지막으로 핀미러를 이용한 맥스웰리안 디스플레이의 구성이 그림 5-5(c)에 도시되어 있다. 면적을 갖는 일반적인 Optical Combiner에 비하여 핀미러는 매우 작은 출사동공을 가지고 있으며 이것이 영상의 초점 심도를 증가시키는 데 기여한다. 이러한 핀미러는 유리와 같은 투명 기판 내에 제작될 수 있어 Optical-See-Through 타입으로 구현 가능하다. 회절을 이용하는 전술한 구성과 달리 거울의 반사를 활용하므로 파장 수차 등 회절 광학 소자의 단점을 가지지 않는 것도 장점이다.

맥스웰리안 디스플레이의 구성에 있어 중요한 요소 중 하나는 아이박스의 확장 기술이다. 기본적인 맥스웰리안 디스플레이는 그 아이박스가 매우 작다. 투사된 영상은 그 초점이 사용자 눈의 동공 영역 안에 위치할 때만 관측 가능하며, 따라서 디스플레이의 아이박스는 눈의 동공 크기로 제한된다는 단점이 있다. 이러한 맥스웰리안 디스플레이의 아이박스 제한을 극복하기 위하여 그림 5-6에서 보는 바와 같은 다양한 방법들이 제안되고 있다. 그림 5-6(a)에 도시된 방법에서는 홀로그래픽 광학 소자(HOE)를 평면 방향으로 움직임으로써 초점의 위치를 동적으로 제어한다. 홀로그래픽 광학 소자 광축을 이동하며 그로 인해 형성되는 초점과 그 주변의 아이박스를 눈의 위치로 보내는 원리로 구현된다. 그림 5-6(b)와 그림 5-6(c)의 기법은 다중화된 홀로그래픽 광학 소자나 편광 의존성 격자를 활용하여 아이박스를 복제함으로써 전체 아이박스 영역을 확장한다. 복제된 아이박스간의 간격은 눈의 동공 크기보다 약간 크게 설정되어 오직 하나의 초점 만이 눈의 동공안에 포함될 수 있도록 한다. 이러한 기법은 전체 아이박스 영역을 확장할 수 있으나, 복제된 여러 개의 초점 중간 위치에서는 어느 초점도 동공 안에 들어가지 못하여 영상이 보이지 않는 문제가 발생할 수도 있다. 그림 5-6(d)의 기법에서는 다중화된 홀로그래픽 광학 소자와 편광 의존성 격자를 결합하여 복제된 다중 초점들을 스위칭 가능한 두 그룹이로 나누어 이 문제를 해결한다. 한 개 그룹의 초점들은 다른 한 개 그룹의 초점들 사이사이에 배치되고, 각 그룹의 초점들 사이 간격은 눈의 동공 크기보다 크게 설정된다. 이러한 배치와 편광 기반 스위칭을 이용하여 확장된 전체 아이박스 영역에서 눈의 위치와 관계없이 눈의 동공에 하나의 초점을 투사하고 영상을 표시할 수 있다.

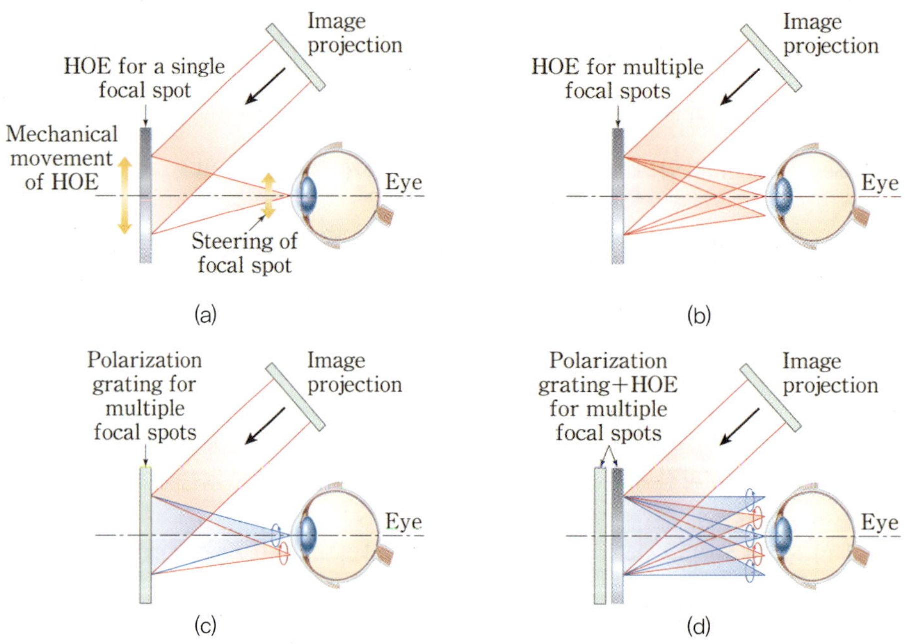

▲ **그림 5-6.** Eyebox expansion techniques of Maxwellian displays. (a) Steering using MEMS mirror [2], (b) replication using a multiplexed HOE [3], (c) replication using LC beam deflectors [4], (d) switching between interleaved focal spots [5]

맥스웰리안 디스플레이는 초점 심도를 키움으로써 눈의 굴절력, 눈의 초점과 관계없이 언제나 선명한 영상을 표시하며, 이는 상대적으로 간소한 시스템 구성으로 VAC 문제를 저감하는 효율적인 방법 중 하나이다. 그러나 맥스웰리안 디스플레이는 여전히 몇 가지 단점들을 지닌다. 맥스웰리안 디스플레이에 의하여 표시되는 영상들은 긴 초점심도를 가지고 있으나 여전히 고정된 허상 거리에 위치한 2차원 영상이다. VAC 문제를 해결하는 가장 이상적인 방법은 사용자의 각 눈에 온전한 광학적 3차원 영상을 제공하여, 3차원 영상을 이루는 각 영상점들이 눈의 초점 거리 변화와 해당 영상점의 거리에 따라 독립적으로 선명하게 초점이 맞거나 흐릿하게 퍼지도록 하는 것이다. 이상적인 3차원 영상과 달리, 맥스웰리안 디스플레이가 제공하는 깊은 초점 심도의 영상은 사용자 눈의 초점 거리 변화와 관계없이 언제나 선명하게 관측되는 제한이 있다. 최근에는 이를 보상하기 위하여 사용자의 주변 시야에 위치한 영상 부분에는 초점이 맞은 중심 시야에 위치한 영상 부분과의 거리 차이를 활용하여 모사된 점퍼짐 (blur)를 영상 처리를 통하여 추가하는 기법도 연구되고 있다. 맥스웰리안 디스플레이의 또 다른 제한점은 영상의 분해능이 저하된다는 것이다. 결상 광학계의 회절한계 해상도는 출사 동공의 크기에 의하여 결정된다. 맥스웰리안 디스플레이의 축소된 출사 동공 크기는 영상의 심도를 증가시키는 대신 해상도를 희생한다. 따라서 영상의 초점 심도와 해상도 사이에는 트레이드오프 관계가 존재하며, 응용 분야에 따라 맥스웰리안 디스플레이는 이 두 요소 간의 적절한 조정을 반영하여 설계되어야 한다.

2 다중 영상면 디스플레이

다중 영상면 디스플레이는 서로 다른 거리에 위치하는 여러 개의 영상면을 동시에 혹은 순차적으로 표시하여 VAC 문제를 회피한다. 표시되는 영상은 이산적인 여러 개의 영상면에 나뉘어 표시되며, 영상면의 개수가 충분히 많지 않을 경우 연속적인 거리를 가지는 3차원 영상은 표시할 수 없으나, 하나의 영상면만을 가지는 일반적인 AR/VR 디스플레이 비하여 여전히 장점을 가진다.

그림 5-7은 빠른 가변 초점 렌즈를 활용한 다중 영상면 디스플레이의 두 가지 예를 보여준다. 그림 5-7(a)의 방법에서는 멤브레인 거울이 가변 초점 광학계로 활용되었다. 멤브레인 거울은 디스플레이 패널에서 오는 빛을 반사하여 먼 거리에 그 허상을 형성하는 역할을 한다. 이때, 멤브레인 거울면을 빠르게 진동시킴으로써 허상 영상 거리가 그에 따라 바뀌며 결국 하나의 영상 프레임 시간 동안 표시하고자 하는 영상 공간으로 확장되도록 구성한다. 디스플레이 패널은 멤브레인 거울에 동기화되어

동작하며, 3차원 영상의 각 허상면에 해당하는 영상층을 표시한다. 결과적으로 한 프레임 시간 동안 여러 개의 영상면으로 이루어진 3차원 영상을 사용자에게 제공하게 된다. 멤브레인 거울의 동작 속도는 일반적으로 매우 빠르므로 이와 같은 기법에서 표시할 수 있는 영상면의 개수는 디스플레이 패널의 주사율에 의하여 결정된다. 많은 수의 영상면을 표현하기 위해서는 디스플레이 패널의 주사율이 보통의 60 frame/sec 보다 훨씬 빨라야 하지만 이는 기술적으로 구현하기 용이하지 않다.

그림 5-7(b)에 도시된 또 다른 방법에서는 이러한 제한이 상당 부분 해소된다. 이 방법에서 시스템은 가변 초점 렌즈, 투과형 LCD 패널, 그리고 밀집된 LED 배열 백라이트유닛으로 구성된다. 영상 콘텐츠는 RGB 영상과 깊이지도로 준비된다. 동작 시, 가변 초점 렌즈가 LCD 패널의 허상 영상 거리를 빠른 속도로 바꾸며 3차원 영상 표시 가능 공간으로 확장한다. 그림 5-7(a) 기법과의 차이점은 디스플레이 패널부의 동작에 있다. 그림 5-7(a) 기법에서 디스플레이 패널이 각 서브 프레임마다 해당하는 깊이층의 영상을 빠르게 표시했어야 했던 것에 반하여, 그림 5-7(b) 기법에서는 투과형 LCD 패널이 한 프레임 시간 내내 동일한 RGB 영상을 변화 없이 표시한다. 대신 백라이트의 각 LED들이 가변 초점 렌즈와 동기화되어 깊이 지도를 기반으로 빠르게 동작한다. 즉, 각 서브프레임마다 현재 허상영상면의 거리에 해당하는 영상 부분의 LED들만 선택적으로 켜져, LCD에 표시된 영상 중 해당 부분만 눈에 보이도록 한다. 이러한 기법은 LCD 패널의 동작 속도, 주사율이 빠르지 않아도 된다는 큰 장점을 지닌다. 대신 LED 배열이 빠른 속도로 동작해야 하지만 이는 용이하게 구현 가능하다. 일반적인 60 frame/sec LCD 패널을 사용하여 80층 이상의 깊이를 가지는 3차원 영상의 표시가 가능함이 최근 보고된 바 있다.

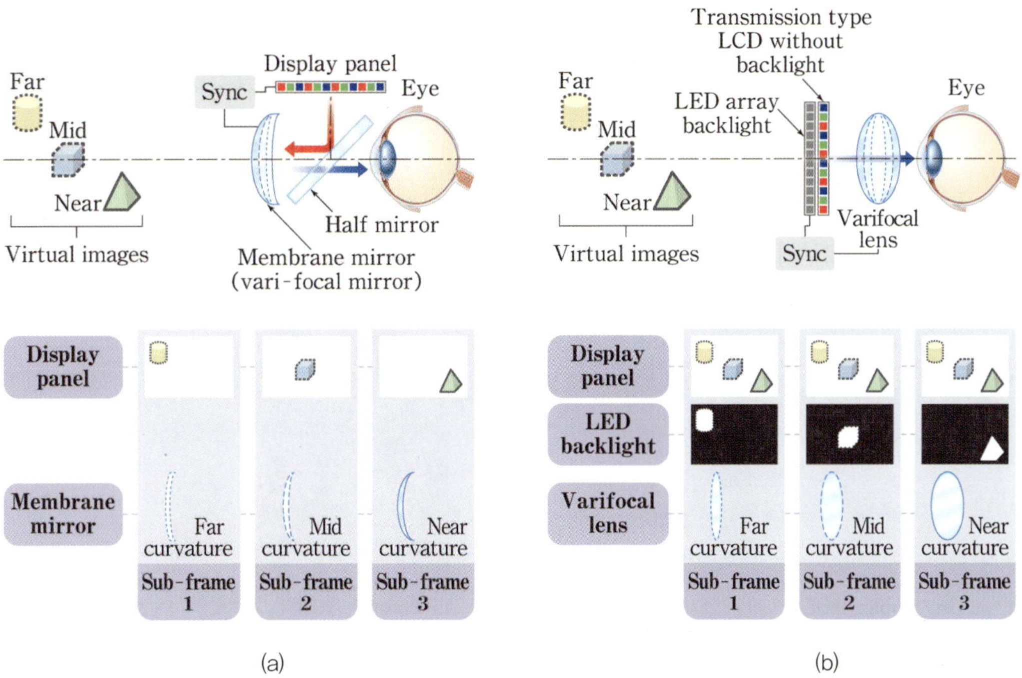

▲ **그림 5-7.** Multi-plane display using fast vari-focal optics. (a) Using deformable membrane mirror [6], (b) using LED array and a focus tunable lens [7]

그림 5-8은 웨이브가이드 방식의 다중 영상면 디스플레이의 예를 보여준다. 웨이브가이드 방식 AR 디스플레이에서 다중 영상면의 구현은 보통 여러 개의 웨이브가이드를 적층하거나 편광 다중화 방식을 사용하여 이루어진다. 그림 5-8(a)에서는 두 개의 웨이브가이드 층을 사용하여 두 개의 영상면을 구현하였다. 웨이브가이드 AR 디스플레이에서 영상면의 거리는 아웃커플러의 굴절능 혹은 초점 거리에 따라 결정된다. 그림 5-8(a)의 예에서는 두 개의 웨이브가이드층에 사용된 아웃커플러의 초점 거리를 다르게 설정하여 먼 거리와 가까운 거리에 영상면을 각각 형성하도록 구현하였다. 실제 동작에서는 먼 거리와 가까운 거리의 영상층들이 웨이브가이드의 해당 층으로 인커플러 단에서 분리되어 입사되며, 사용자는 두 개의 영상층으로 이루어진 3차원 영상을 관측한다. 영상층의 개수를 2개에서 더 많은 수로 늘리는 것은 적층하는 웨이브가이드의 수를 늘림으로써 원리상 가능하나, 실제 구현에서는 두께 증가, 투과도 감소등 다양한 문제를 수반하여 구현하는 것이 용이하지 않다.

그림 5-8(b)는 두 개의 영상면을 하나의 웨이브가이드만으로 구현하는 기법을 보여준다. 이 기술은 아웃커플러 단에 편광 의존성 광학계를 적용함으로써 구현된다. 이 편광 의존성 광학계는 기하위상 렌즈(Geometric phase lens)와 반파장판(Half wave retarder, HWP)을 조합하여 구성되며 특정 편광

에 대해서만 음의 굴절능을 가지고, 다른 편광에 대해서는 굴절 없이 그대로 통과시키는 특징을 지닌다. 본 기술에서 먼 거리와 가까운 거리의 영상층에 해당하는 영상들이 서로 수직한 편광을 가지고 투사되며, 마지막 편광 의존성 광학계에 의하여 해당 거리에 영상면을 형성한다. 특정 편광에 대하여 굴절능을 갖는 편광 의존성 광학계를 눈 앞의 아웃커플러단에 위치시키므로 Optical-See-Though 구성에서 실제 물체로부터 오는 빛이 이에 영향을 받을 수도 있다. 그러나 이는 실제 물체로부터 오는 빛이 편광 의존성 광학계가 0의 굴절능을 가지는 편광이 되도록 웨이브가이드의 눈 반대쪽 면에 편광판을 추가함으로써 손쉽게 해결 가능하다.

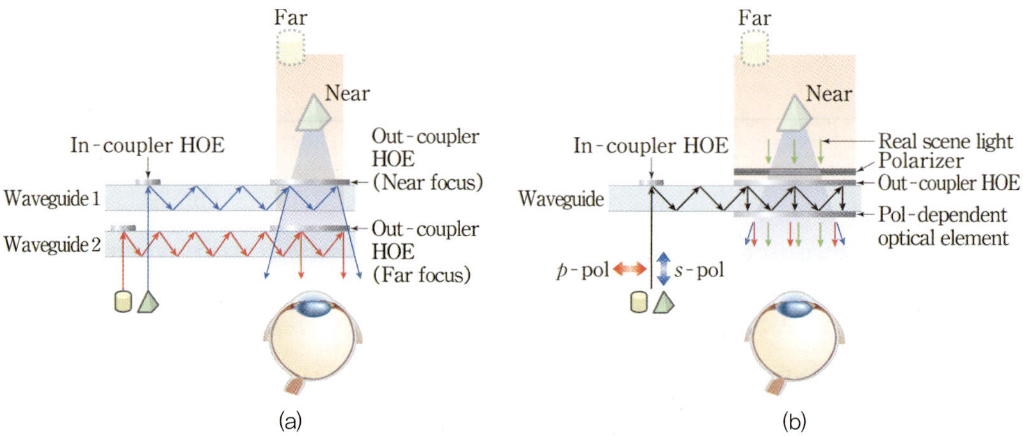

▲ **그림 5-8.** Waveguide-type multi-plane displays. (a) Multiple waveguides, (b) polarization dependent optical element [8]

다중 영상면 디스플레이는 여러 개의 영상면을 형성하여 VAC를 저감하고 3차원 영상을 표시할 수 있도록 한다. 그러나 형성되는 영상면은 여전히 이산적이다. 이산적인 영상면에 나뉘어 표시된 여러 층의 영상은 연속적인 깊이를 갖는 이상적인 영상에 비해 덜 자연스럽다. 하지만 최근 보다 정교한 영상 처리를 통하여 이산적인 영상면에 표시된 영상이 연속적인 깊이를 가진 영상처럼 보이도록 하는 기술들이 개발되고 있다. 뒤의 라이트필드 디스플레이 절에서 설명하는 적층 패널 디스플레이 기술 혹은 텐서 디스플레이 기술이 그 한 예이다. 텐서 디스플레이에서는 단순히 3차원 객체의 각 영상면에서의 단면을 해당 면의 영상으로 활용하는 것이 아니라 인접 영상면과의 관계를 고려하여 정교하게 변조된 영상을 활용한다. 각 면의 영상은 각 투사 영상들의 방향별 중첩으로부터 재현되는 라이트필드를 고려하여 계산된다. 표시하고자 하는 3차원 객체에 해당하는 이상적인 라이트필드와 광학적으로 재현되는 라이트필드의 차이를 최소화하는 최적 변조 영상을 계산적으로 찾아

냄으로써, 실제 광학적 영상면은 이산적임에도 불구하고 연속적인 영상면을 가지는 3차원 영상과 같이 시인되도록 구현한다.

다중 영상면 디스플레이는 VAC 문제를 저감하며 보다 사실감 있는 영상을 표현하지만 구현 가능한 영상면의 개수가 일반적으로 많지 않다는 단점을 지닌다. 그림 5-8에 소개된 웨이브가이드 기반 다중 영상면 디스플레이는 오직 2개의 영상면 만을 구현한다. 위에서 언급된 라이트필드 렌더링은 이러한 제한을 완화시키지만 많은 양의 계산을 필요로 하며, 일반적으로 광학적으로 재현되는 라이트필드의 품질을 향상시키기 위하여 보다 빠른 주사율을 디스플레이 패널을 요구한다. 그림 5-7에 소개된 기법들은 여러 개의 영상면들을 표시할 수 있으나 일반적으로 고속으로 동작하는 광학부품을 필요로 하며, 웨이브가이드와 같은 간소한 구성을 갖는 Optical-See-Through 방식의 AR 디스플레이로의 적용은 추가적인 연구 개발 주제 중 하나이다.

③ 가변 초점 디스플레이

가변 초점 디스플레이는 눈이 주시하고 있는 영상 부분에 따라 변화하는 거리에서 허상을 표시한다. 각 프레임에서 가변 초점 디스플레이는 단일 이미지 평면에 2D 이미지를 표시한다. 그러나 영상 평면의 거리는 주시하고 있는 3D 영상 콘텐츠 부분의 거리에 따라 프레임 단위로 변화한다.

그림 5-9는 가변 초점 디스플레이의 예를 보여준다. 그림 5-9(a)에 표시된 VR 구현에서 일반적인 VR 디스플레이의 결상 렌즈는 가변 초점 렌즈로 대체된다. 표시된 가상 영상은 여전히 단일 평면의 2D 영상이지만 축 방향 거리는 다양할 수 있다. 3D 영상 콘텐츠를 표현하기 위해 시스템은 사용자의 시선 방향을 감지하여 사용자가 주시하고 있는 영상 부분을 찾는다. 그런 다음 가변 초점 렌즈는 굴절능을 변경하여 주시된 3D 영상 부분의 의도된 거리에 가상 영상면을 배치한다. 다른 3D 영상 부분은 이상적인 3D 영상의 광학적 퍼짐을 모사하기 위해 영상 처리에 의하여 의도적으로 흐려진다. 각 프레임의 영상은 여전히 2D이지만 사용자의 주의가 집중되는 주시 영상 부분은 올바른 광학 거리에서 보여 VAC 문제를 크게 완화한다.

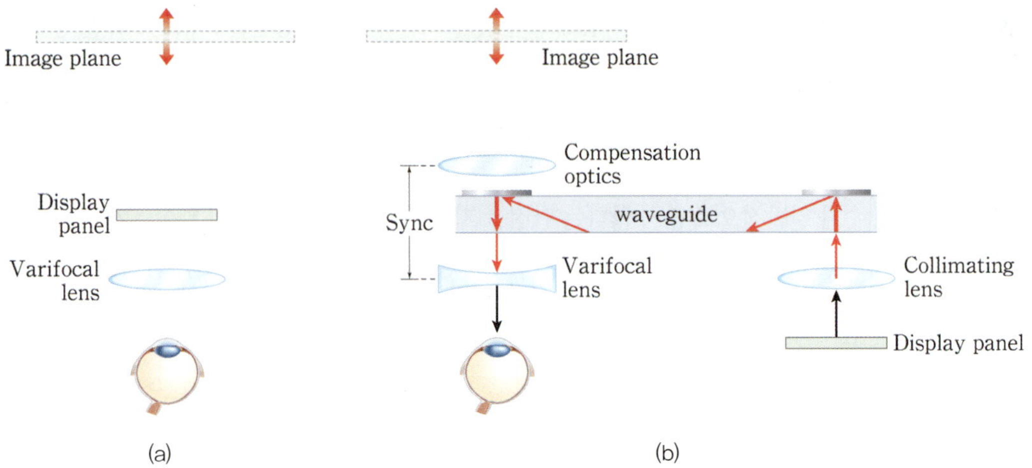

▲ **그림 5-9.** Vari-focal displays. (a) VR display using a vari-focal lens, (b) AR display using a vari-focal lens and a compensation optics

그림 5-9(b)는 웨이브가이드 형태의 AR 디스플레이를 구현한 것이다. 구성은 일반적인 웨이브가이드 방식의 AR 디스플레이와 동일하지만 눈 앞에 가변초점 오목렌즈가 추가되었다는 차이를 가진다. 웨이브가이드의 아웃 커플러에 의해 광학 무한대에서 초기에 형성된 허상은 가변 초점 오목 렌즈를 통과하여 눈에서 제어된 거리에 재배치된다. 가변 초점 오목 렌즈에 의한 Optical-See-Through 실제 물체의 왜곡은 아웃 커플러의 다른 쪽에 가변 초점 오목 렌즈와 동기화하여 작동하는 또 다른 가변 초점 볼록 렌즈를 추가하여 보상된다.

가변 초점 디스플레이는 비교적 간단한 구성으로 VAC 문제를 완화한다. 가변 초점 광학계가 필요하지만 그 속도는 다중 평면 디스플레이에서 요구되는 만큼 빠르지 않아도 된다. 가변 초점 디스플레이에서 3D 영상을 제대로 표현하려면 시선 추적 광학 장치가 필요하다. 그러나 시선 추적은 자연스러운 사용자 상호 작용 및 포비티드 렌더링/디스플레이 구현을 비롯한 여러 가지 추가 이점을 제공하기도 하므로, 가변 초점 디스플레이가 시선 추적 장치를 요구하는 것이 큰 제약 조건으로 작용하지는 않는다. 따라서 VR 응용 분야에서 가변 초점 디스플레이는 학계뿐만 아니라 산업계에서도 활발히 개발되고 있다 [9]. 그러나 AR 애플리케이션에서는 눈 앞의 가변 초점 광학계와 함께 보상 광학계의 설치도 요구하며, 이는 전체 시스템을 부피를 커지게 하므로 미학적으로 용인 가능한 디자인을 AR 디스플레이를 구현하는 데 어려움으로 작용하기도 한다.

4 라이트필드 디스플레이

라이트필드 디스플레이는 각 눈에 온전한 광학 3D 영상을 제공하여 VAC 문제를 해결한다 [10, 11]. 라이트필드는 3D 객체에서 나오는 광선들의 공간 각도 분포이다. 그림 5-10은 라이트 필드와 라이트 필드 디스플레이의 개념을 보여준다. 기하 광학에서 3D 장면의 빛은 광선의 집합체로 생각할 수 있다. 3D 장면과 관찰자 사이에 임의의 평면을 가정하면 3D 장면의 빛은 평면을 통과하는 광선들의 공간 각도 분포로 나타낼 수 있다. 라이트필드 디스플레이는 이 광선 분포를 디스플레이 패널 평면에 재현하여 사용자에게 3D 영상을 제공한다.

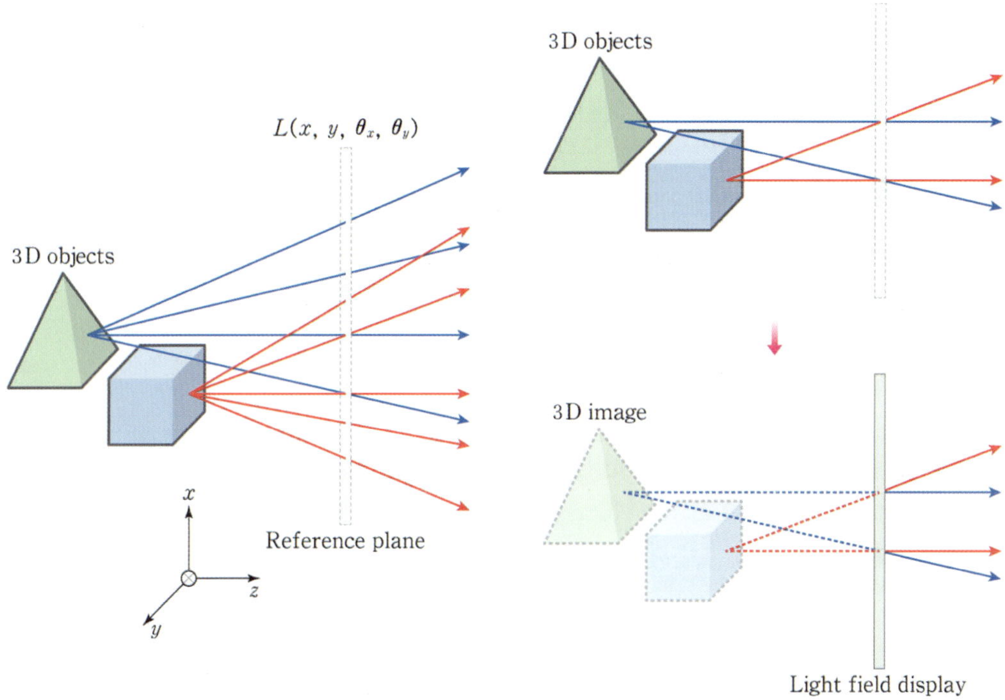

▲ **그림 5-10.** 라이트필드의 개념

그림 5-11은 일반적인 2D 디스플레이와 라이트필드 디스플레이의 차이점을 보여준다. 2D 디스플레이에서 디스플레이 화면의 각 픽셀은 동일한 강도와 색상으로 모든 방향으로 빛을 방출한다. 빛의 공간적 분포는 2D 디스플레이의 픽셀 배열에 의해 재현되지만 각도 분포는 재현되지 않는다. 반대로, 라이트필드 디스플레이의 각 픽셀들은 지향성을 갖고 빛을 방출하도록 구성된다. 이 픽셀 지향성 덕분에 라이트필드 디스플레이는 서로 다른 방향으로 서로 다른 영상을 표시하여 화면 평면에서 빛의 공간적 및 각도 분포를 모두 재구성한다. 다양한 광학 장치를 사용하여 그림 5-12와 같이 각 픽셀 요

소에 지향성을 부여할 수 있다. 핀홀이나 마이크로 렌즈는 그림 5-12(a)와 (b)와 같이 일반적인 2D 디스플레이 패널 앞에 배치하여 각 2D 디스플레이 픽셀에서 발산하는 빛을 필터링하거나 시준하여 지향성을 부여할 수 있다. 그림 5-12(c)와 같이 개별 픽셀에 특정 방향을 지정하기 위해 백라이트 장치에 다른 피치와 방향의 격자를 사용할 수도 있다. 그림 5-12 (d)에 표시된 2D 디스플레이 패널의 중첩은 라이트필드 디스플레이의 또 다른 가능한 구성이다. 관찰 방향에 따라 각 층 패널의 픽셀들이 서로 다른 상대적 이동을 가지고 중첩되어 관측되며, 관찰 방향별 다른 영상을 볼 수 있도록 한다.

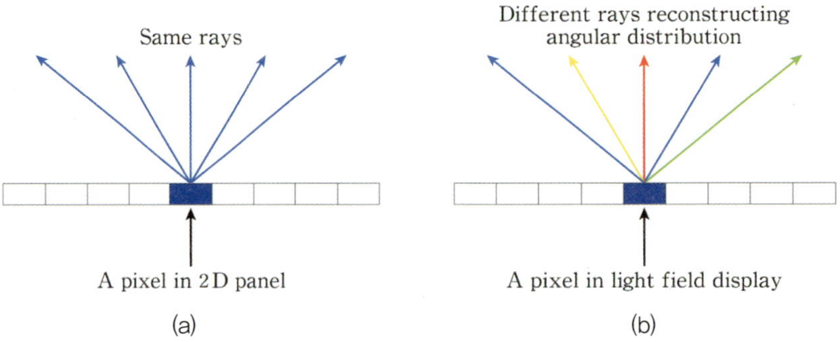

▲ **그림 5-11.** 픽셀 광선들의 비교 (a) 2D 디스플레이, (b) 라이트필드 디스플레이

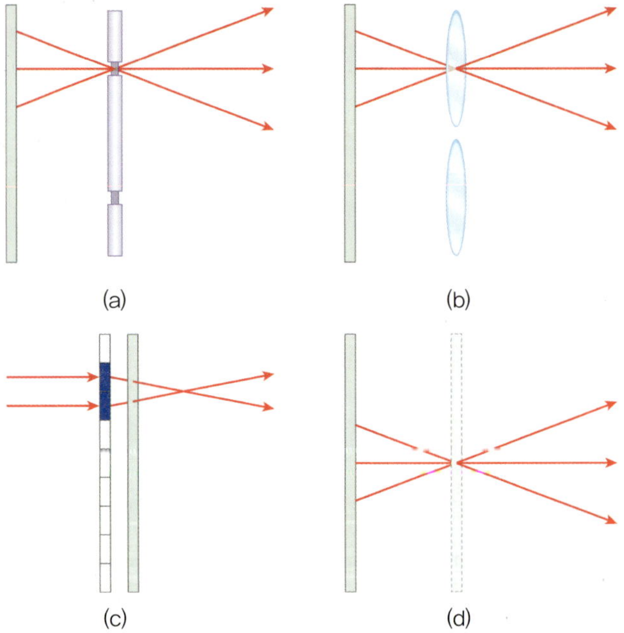

▲ **그림 5-12.** 픽셀 광선에 방향성을 제어하기 위한 다양한 구조 (a) 핀홀 배열, (b) 마이크로 렌즈 어레이, (c) 격자 배열, (d) 패널 중첩

라이트필드 디스플레이의 공간-각도 광선 분포 재현 특징은 적절한 초점 조절 깊이 단서를 사용자에게 제공하며 3D 영상 표시를 가능하게 한다. 그림 5-13과 같이 하나의 3D 영상점에 해당하는 여러 개의 광선들은 라이트필드 디스플레이에 의해 재현되어 관찰자의 동공으로 투사된다. 일반적인 2D 디스플레이의 경우처럼 눈의 수정체가 디스플레이 화면 거리에 초점을 맞추면 해당 광선이 눈의 망막 위로 퍼져 전체 영상은 흐려진다. 반대로 눈이 3차원 영상점 거리에 초점을 맞추면 광선들이 망막의 한 점에 집중되어 선명한 영상을 관측할 수 있다. 따라서 눈의 초점 조절 반응은 디스플레이 화면 거리가 아닌 3D 영상점 거리로 유도되며, 기존 AR 및 VR 디스플레이의 VAC 문제가 해결된다. 라이트필드 디스플레이에 의해 재생된 3D 영상은 이산적인 영상층에 국한되지 않고 연속적인 깊이 분포를 가지고 있다. 따라서 라이트필드 디스플레이는 다중 영상면 또는 가변 초점 디스플레이보다 더 자연스러운 3D 영상을 제공할 수 있다.

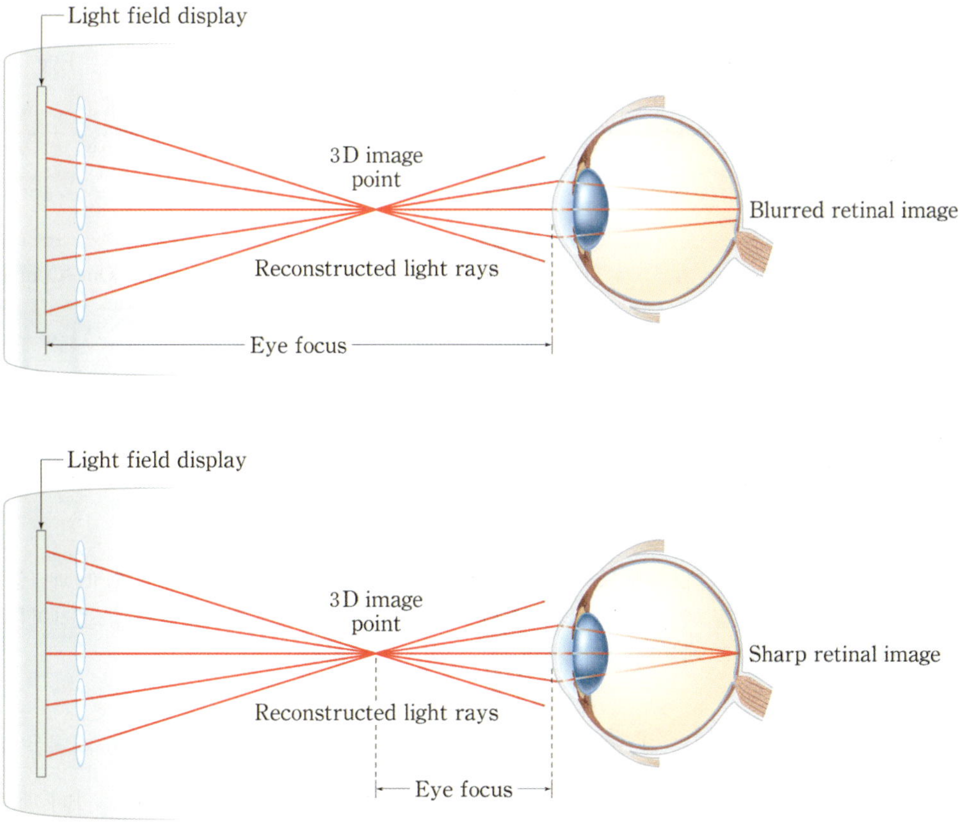

▲ **그림 5-13.** 라이트필드 디스플레이의 초점 조절 깊이 단서

그림 5-14는 라이트필드 디스플레이 기술에 기반한 AR 및 VR 디스플레이의 몇 가지 예를 보여준다. 그림 5-14(a)에서는 마이크로 렌즈 어레이 방식의 라이트필드 디스플레이를 이용하여 VR 디스플레이를 구현하였다. 일반적인 결상 광학 장치 대신 마이크로 렌즈 어레이와 디스플레이 패널이 눈 앞에 배치된다. 각 마이크로 렌즈는 해당 영역 아래에 있는 픽셀의 빛을 픽셀 위치에 따라 다른 방향으로 시준함으로써 렌즈 중앙 위치에서 광선의 각도 분포를 재현한다. 또, 하나의 렌즈가 아닌 렌즈 어레이를 사용함으로써 광선의 공간 분포 또한 재현하여 마이크로 렌즈 어레이 평면에서 라이트필드를 완성한다. 재생된 라이트필드는 사용자의 눈에 도달하여 각 눈이 적절한 초점 조절 단서를 가지고 해당 3D 영상을 볼 수 있도록 한다. 단일 디스플레이 패널과 마이크로 렌즈 어레이로 구성된 단순한 시스템 구성은 이 시스템의 또 다른 장점으로서 컴팩트한 시스템 폼팩터의 구현을 가능하게 한다.

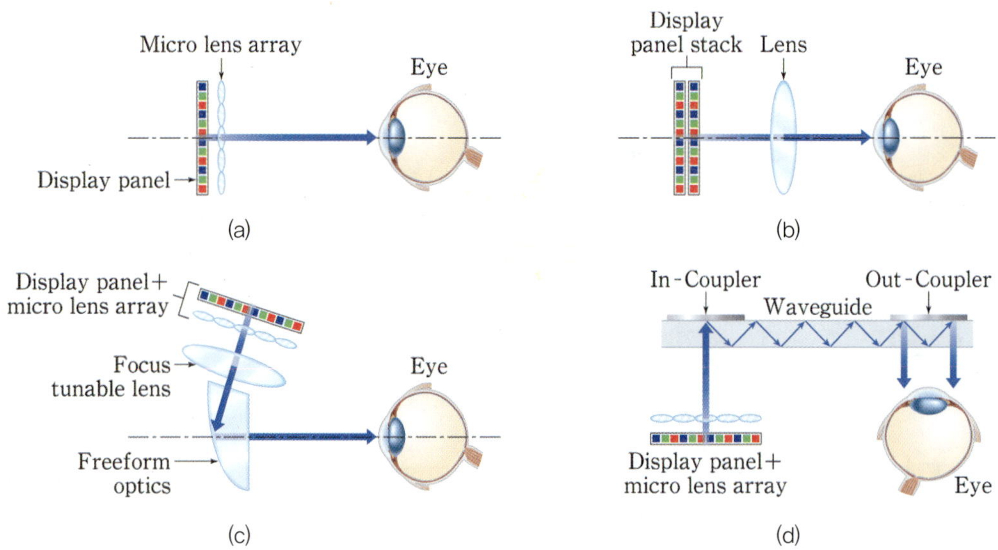

▲ **그림 5-14.** 라이트필드 AR/VR 디스플레이의 예 (a) 마이크로 렌즈 어레이를 이용한 VR 디스플레이 [12], (b) 패널 중첩을 이용한 VR 디스플레이 [13], (c) 마이크로 렌즈 어레이와 프리폼 광학계를 사용한 AR 디스플레이 [14], (d) 마이크로 렌즈 어레이와 웨이브가이드를 이용한 AR 디스플레이 [15]

그림 5-14(b)는 VR 라이트필드 디스플레이의 다른 예를 보여준다. 이 경우 두 개의 LC 패널을 쌓아 라이트필드를 생성하며 이는 텐서 디스플레이란 이름으로 불리기도 한다. 적층된 패널이 패널면 주변의 근거리에 생성한 1차 라이트필드는 눈 앞의 렌즈에 의해 결상되어 원거리에서 3D 영상을 제공한다. 패널의 각 픽셀이 단일 광선 (혹은 단일 각도로 시준된 빔)의 생성을 담당하는 마이크로

렌즈 어레이 구성과 달리 적층 패널 구조는 단일 패널 픽셀로 다중 광선 재현을 가능하게 하며, 이는 3D 영상의 공간 해상도를 향상시키는데 기여한다.

이러한 적층 패널 방식 디스플레이, 즉 텐서 디스플레이의 보다 구체적인 원리는 그림 5-15에 도시되어 있다. 텐서 디스플레이는 2개 이상의 디스플레이를 이용하여 4차원 라이트필드를 재현하는 기술이다. 텐서 디스플레이의 주요 특징은 라이트 필드의 2차원 정보를 결정할 수 있는 디스플레이를 여러 층으로 쌓는 것에 있다. 각 디스플레이의 픽셀 값들은 특정 깊이의 2차원 정보 배열에 대응되고, 이 2차원 정보 배열들의 조합이 4차원 라이트필드를 형성하게 된다. 2차원 정보 배열이 적절히 조합되면 원하는 방향 별 정보를 재현할 수 있다는 것이 텐서 디스플레이의 핵심 아이디어다. 임의의 4차원 라이트필드를 재현하기 위한 2차원 정보 배열의 조합은 수치 해석적인 방법을 통해 최적화되어 얻을 수 있다. 이는 다른 라이트필드 디스플레이들이 2차원 픽셀 마다 빛의 방향성을 광학계를 통하여 결정해주는 방식과는 차별화된 점이다.

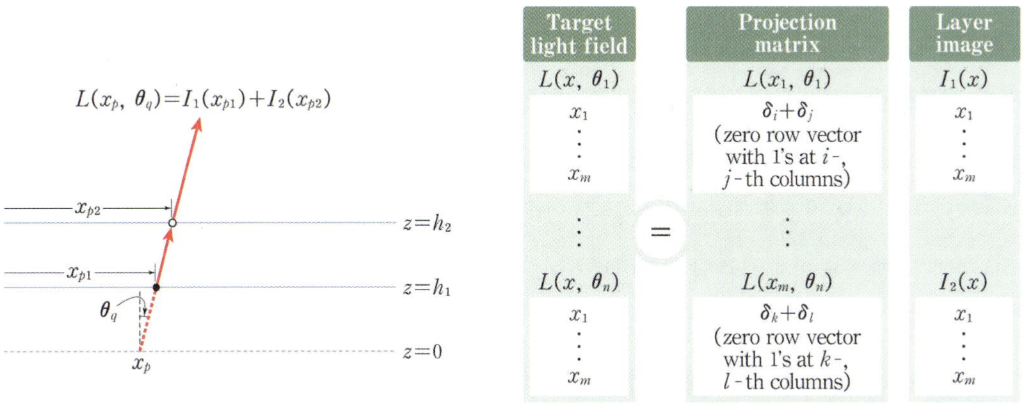

▲ **그림 5-15.** 텐서 디스플레이의 라이트필드 재현과 수치해석 최적화 적용 [27]

텐서 디스플레이의 광학 구조는 활용 목적과 디스플레이 조합 방식에 따라 상이하지만, 4차원 라이트필드를 표현하는 핵심 원리는 크게 다르지 않다. 디스플레이 각각의 2차원 픽셀에서 나오게 되는 빛의 방향성을 특별한 광학계를 통해 결정하지 않는다는 것이 대부분의 텐서 디스플레이에서 공유되는 원리이다. 텐서 디스플레이는 각 방향의 빛의 세기가 서로 다른 픽셀 조합에 의해 결정된다는 것을 활용하여 4차원 라이트필드를 표현한다. 따라서 텐서 디스플레이가 재현하는 라이트필드의 각 해상도나 공간 해상도는 디스플레이 광학 구조에 의해 명확히 결정되지 않는다는 특징이 있다. 이러한 특징은 수치 해석적인 최적화 과정을 통해 기존 방식과는 차별화된 해상도 개선을 가능하게 하였다.

수치해석 최적화는 실제 4차원 라이트필드와 텐서 디스플레이에서 재현되는 4차원 라이트필드 사이의 에러 값을 최소화시키는 최소 제곱 문제를 푸는 것과 같다. 이 최적화 문제의 답은 각 디스플레이에 올려주게 될 이미지인 2차원 픽셀 배열이 된다. 구체적인 최적화 방법은 텐서 디스플레이의 광학 구조에 따라 달라지는데, 특히 각 2차원 배열이 어떻게 조합되는지가 중요하다. 각 디스플레이 픽셀이 어떤 연산을 통해 조합되어 하나의 광선을 표현하는지에 따라 풀어야하는 최소 자승법 문제가 달라지게 된다. 예를 들어 서로 다른 디스플레이가 시분할 방식으로 제공될 경우 픽셀은 덧셈으로 조합되며, 이 문제는 컴퓨터 단층 촬영에 사용되는 최적화 알고리즘을 통해 풀 수 있다. 만일 서로 다른 디스플레이가 적층되어 있어 각 픽셀이 곱셈으로 조합되는 경우에는 행렬 팩토라이제이션 (matrix factorization) 알고리즘을 적용할 수 있다 [13], [16].

그림 5-14(c)는 마이크로 렌즈 어레이와 프리폼 광학계를 사용하는 AR 디스플레이를 보여준다. 마이크로 렌즈 어레이와 마이크로 디스플레이 패널의 결합으로 생성된 라이트필드는 프리폼 Optical Combiner를 사용하여 눈에 전달되어 Optical-See-Through AR을 가능하게 한다. 또한 초점 조정 가능한 렌즈를 라이트필드의 광학 경로에 추가하여 3D 영상이 위치할 수 있는 전체 깊이 범위를 향상시킨다. 마지막으로 마이크로 렌즈 어레이 기반 라이트필드 디스플레이는 그림 5-14(d)와 같이 웨이브가이드형 AR 디스플레이에 사용할 수 있다. 마이크로 렌즈-패널 조합에 의해 생성된 초기 라이트필드는 렌즈에 의해 시준되고 웨이브가이드에 인커플링 된다. 라이트필드는 웨이브가이드 내부 전반사를 통해 전송되고 최종적으로 눈 쪽으로 아웃 커플링 되어 각 눈에 3D 영상을 표시한다. 기존의 웨이브가이드형 AR 시스템의 마이크로 디스플레이 패널을 마이크로 렌즈 어레이와 패널의 조합으로 대체하기만 하면 되므로 시스템 구성이 비교적 간단하다는 장점을 지닌다.

라이트필드 AR/VR 디스플레이는 VAC 문제를 해결하는 연속 깊이의 3D 영상을 제공한다. 마이크로 렌즈 어레이 또는 격자 배열을 사용한 구현은 비교적 간단하여 컴팩트한 시스템 폼 팩터를 가능하게 한다는 장점도 지닌다. 그러나 현재 라이트필드 디스플레이는 일반적으로 재생 3D 영상의 해상도가 낮다는 단점이 있다. 대부분의 라이트필드 기술에서 디스플레이 패널의 픽셀은 광학계에 의해 개별 광선으로 변환된다. 디스플레이 픽셀의 공간 분포가 분할되어 광선의 공간-각도 분포를 나타내기 때문에 재구성된 3D 영상의 공간 해상도는 원래 디스플레이 패널의 공간 해상도보다 훨씬 낮다. 충분한 해상도로 라이트필드 3D 영상을 표시하려면 디스플레이 패널의 기본 해상도가 훨씬 높아야 하는데 이는 실현 가능하기 쉽지 않다. 이 해상도 제한은 중첩 패널 구성을 사용하여 부분적으로 완화될 수 있다. 적층된 패널이 표시하는 영상 패턴은 중첩된 패널들의 개별 픽셀이 하나가 아닌 여러 개의 광선을 재생할 수 있도록 최적화되어 3D 영상의 해상도를 향상시킬 수 있다. 이것은 3D 물체에 해당하는 광선들이 서로 완전히 독립적이지 않고 높은 수준의 중복성을 가지고 있기 때문에 가능하다. 이와 같은 중복성은 동일한 3D 객체를 약간 다른 방향에서 바라볼 때, 객체의 시인 영상이 작은 시차를 제외하고는 거의 동일하다는 사실에서 이해할 수 있다. 중첩 패널 구조는 이 중복성을 활용하여 중첩된 패널들에 있는 총 픽셀 수보다 더 많은 수의 광선을 재현한다. 그러나 중첩 패널 구조는 일반적으로 다른 접근 방식보다 복잡하고 3D 영상의 밝기가 감소하는 문제도 있다.

라이트필드 디스플레이의 또 다른 한계는 깊이 범위이다. 라이트필드 디스플레이의 깊이 범위는 재현된 라이트필드의 각도 해상도에 비례한다. 허용 가능한 공간 해상도를 유지하려면 각도 해상도가 절충되어야 하므로 라이트필드 디스플레이의 깊이 범위는 일반적으로 AR/VR 응용에서 중요한 사용자의 팔 거리에서 광학 무한대까지 3D 영상을 표시하기에 충분하지 않다. 깊이 범위는 그림 5-14(c)에 표시된 경우와 같이 추가 가변 초점 광학 장치의 도움으로 향상될 수 있지만 시스템 복잡성이 증가한다는 부작용을 가진다.

마지막으로 그림 5-14(d)와 같은 웨이브가이드형 AR 디스플레이의 디스플레이 패널 모듈에 라이트필드 기술을 적용하면 웨이브가이드 두께에 제한이 있을 수 있다는 점에 유의해야 한다. 일반적인 웨이브가이드형 AR 디스플레이에서 디스플레이 패널은 웨이브가이드에 인커플링되기 전에 시준 렌즈에 의해 광학 무한대로 결상된다. 패널 픽셀의 공간 분포는 웨이브가이드 내부의 해당 빔의 각도 분포로 변환된다. 이 경우, 내부 전반사 수가 다른 픽셀 빔들 사이의 공간적인 중첩이 최종 관찰 영상에서 문제를 일으키지 않기 때문에 매우 얇은(1mm 미만) 웨이브가이드 구조를 가능하게 한다. 그러나 라이트필드 영상의 경우 웨이브가이드에 인커플링된 영상은 광학 무한대에 위치한 2D 영상이 아니라 여전히 픽셀 빔의 공간-각도 분포로 표현되는 3D 영상이다. 따라서 웨이브가이드의 두께는 웨이브가이드 내부 전반사 횟수가 다른 빔들이 공간적으로 겹치는 것을 방지하기 위하여 두꺼워져야 한다. 웨이브가이드 시스템에 일반적인 1D 및 2D 출사 동공 확장 기술 (아이박스 확장 기술)도 동일한 이유로 라이트필드 웨이브가이드 시스템에는 적용할 수 없다.

5 홀로그래픽 디스플레이

홀로그래픽 디스플레이는 3D 물체에서 나오는 빛의 파면을 재현한다. 파동 광학에서 가간섭성 조명 아래 3D 물체의 빛은 진폭과 위상 분포를 갖는 복소 광파로 모델링될 수 있다. 홀로그래픽 디스플레이는 빛의 진폭 또는 위상을 변조하여 물체의 복소 광파를 재현하고 3D 영상을 표시한다. 그림 5-16은 일반적인 AR/VR 디스플레이와 홀로그래픽 AR/VR 디스플레이의 차이점을 보여준다. 일반적인 AR/VR 디스플레이에서 마이크로 디스플레이 패널이 패널 평면에 표시한 2D 영상은 광학계에 의해 결상되어 일정 거리에 허상으로서 형성된다. 홀로그래픽 AR/VR 디스플레이에서는 일반적인 2D 영상 대신 컴퓨터 생성 홀로그램(CGH)이 공간 광 변조기(SLM)에 표시된다. 광원의 빛은 SLM에 의해 진폭 또는 위상이 변조되어 원하는 3D 영상에 해당하는 복소 광파를 재현한다. 기존 AR/VR 디스플레이에 사용되는 허상 형성 광학계의 굴절능은 이미 CGH 패턴으로 구현되어 있으므로 홀로그래픽 디스플레이는 일반적으로 원하는 거리에 영상을 배치하기 위해 추가 광학계를 필요로 하지 않는다. 개별 광선 세트로 각 3D 영상점을 근사하는 라이트필드 디스플레이와 달리 홀로그래픽 디스플레이는 각 3D 영상점에 대해 연속 파면의 발산 구면파를 재현하므로 광범위한 깊이에 걸쳐 자연스러운 광학 3D 영상을 제공한다.

그림 5-17은 홀로그래픽 AR 디스플레이의 일반적인 예를 보여준다. 그림 5-17(a)와 같은 구성에서 SLM과 광원은 HMD 안경의 다리에 위치하며 HOE 광학 결합기는 사용자의 눈 전방 안경 렌즈 쪽에 사용된다. SLM에 의해 생성된 1차 홀로그래픽 3D 영상은 HOE 광학 결합기에 의해 반사되어 최종 홀로그래픽 3D 영상을 사용자의 눈에 표시한다. HOE는 축외 입사광을 눈을 향한 법선 방향으로 반사시키는 광학 기능을 갖도록 기록된다. 그림 5-17(b)의 다른 구성에서는 웨이브가이드 구조가 사용된다. SLM과 광원은 웨이브가이드 내부 전반사를 통해 눈에 전달되는 초기 홀로그래픽 3D 영상을 생성한다. 두 경우 모두 관찰되는 영상은 온전한 초점 조절 깊이 단서가 있는 홀로그래픽 3D 영상이며 그림 5-17에서 보는 바와 같이 자연스러운 눈의 초점 조절 반응을 유도한다.

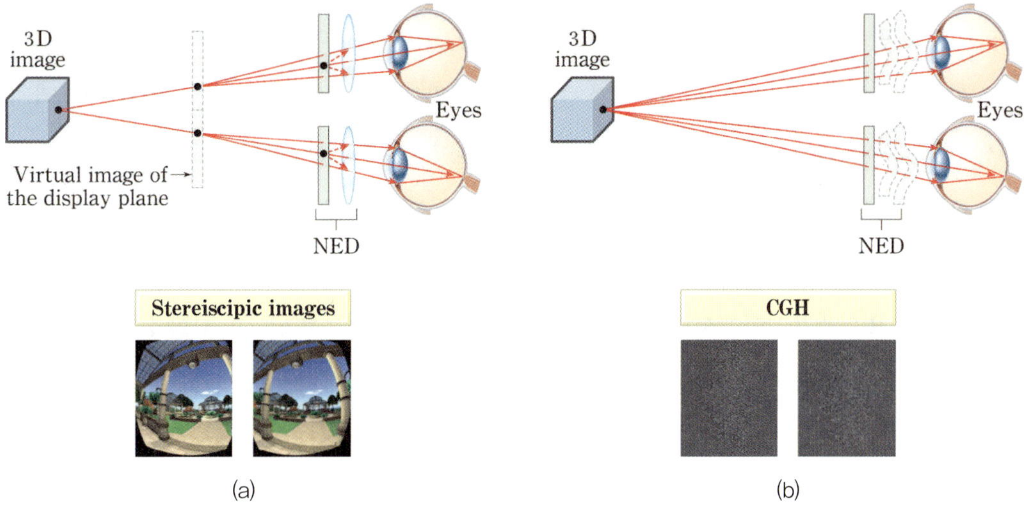

▲ **그림 5-16.** (a)일반적인 AR/VR 디스플레이, (b) 홀로그래픽 디스플레이

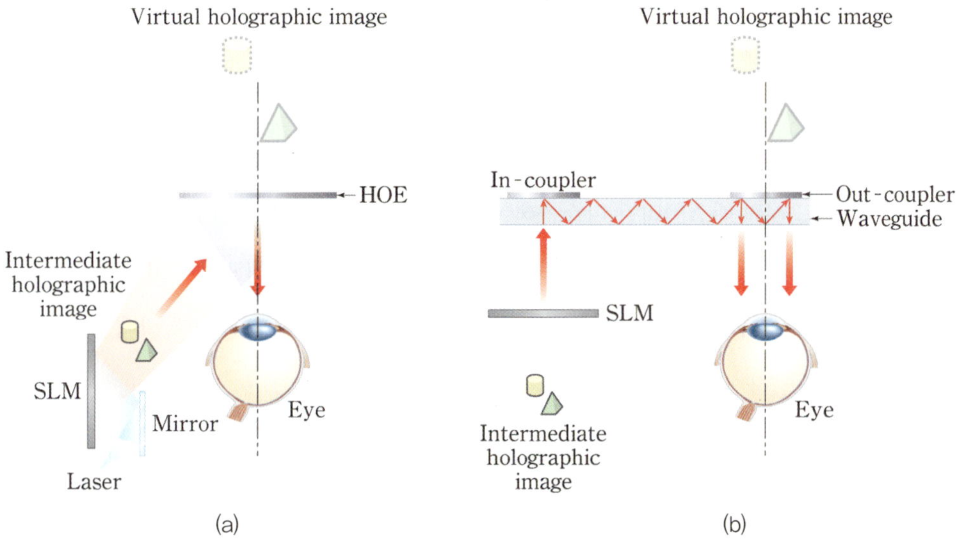

▲ **그림 5-17.** 홀로그래픽 AR 디스플레이의 구현예 (a) 반사형 HOE 광결합기 사용 [17], (b) 웨이브가이드 사용 [18]

그림 5-18(a)와 같이 완벽한 단안 깊이 단서를 갖는 광학 3D 영상 형성 [19]은 홀로그래픽 디스플레이의 가장 중요한 장점이지만 홀로그래픽 디스플레이의 연속 파면 재현 특징은 여러 가지 추가 이점을 제공한다. 수차 보정도 그 중 하나이다. AR/VR 디스플레이에서는 큰 화각의 이미지를 넓은 아이박스에서 표시하기 위해 일반적으로 무시할 수 없는 수차가 동반되는 큰 NA(numerical aperture)의 광학계를 필요로 한다. 또, 실제 물체로부터 오는 빛을 막지 않기 위하여 일반적으로 채택되는 비축 광학 구조는 AR 디스플레이에 더 많은 수차를 추가한다. 기존 AR/VR 디스플레이에서는 이러한 수차를 보정하기 위하여 추가 광학 장치를 필요로 하므로 전체 시스템이 부피가 커지는 단점을 지닌다. 그러나 홀로그래픽 AR/VR 디스플레이에서 이러한 수차는 CGH에 의해 미리 보정될 수 있다. 즉, CGH는 재현된 파면이 광학계의 수차를 정확하게 보상하는 사전 왜곡을 갖도록 합성되어 부가적인 수차 보정 광학계 없이도 선명한 이미지를 제공할 수 있다 [18]. 그림 5-18(b)는 홀로그래픽 AR 디스플레이에서의 수차 보정 예를 보여준다. 이 기능은 필요한 광학 장치 수를 줄여 컴팩트한 시스템 폼 팩터에 기여한다. 보정할 수 있는 수차는 디스플레이 광학계의 수차뿐만 아니라 사용자 눈의 수차를 포함한다 [20]. 따라서 저시력 사용자의 경우 홀로그래픽 디스플레이는 눈의 수차를 보상하는 파면을 재현할 수도 있어, 사용자는 시력 교정 안경을 착용하지 않고도 선명한 홀로그래픽 영상을 볼 수 있다. 이는 AR/VR 경험을 매우 편리하게 만들기 때문에 특히 중요하다.

홀로그래픽 디스플레이의 또 다른 장점은 영상의 초점 심도를 제어할 수 있다는 것이다 [21]. 기존 AR/VR 디스플레이에서 표시된 허상 영상의 심도는 디스플레이 광학 장치의 NA에 의해 고정된다. 이에 반해 홀로그래픽 AR/VR 디스플레이에서는 CGH의 각 영상점에 대한 구면파 패턴의 공간 크기를 제한하여 표시되는 3D 영상점의 유효 NA를 제어할 수 있다. 전체 영상에 작은 NA(=큰 심도)를 할당하여 홀로그래픽 맥스웰리안 디스플레이를 구현하거나 큰 NA를 할당하여 얕은 초점 심도를 부여하여 3D 효과를 극대화할 수 있다. 그림 5-18(c)와 같이 동일한 장면에서 3D 객체의 다른 부분에 서로 다른 심도를 할당하는 것도 가능하다. 이 특징은 콘텐츠 및 응용의 특성에 따라 AR/VR 디스플레이에서 다양하게 활용될 수 있다.

홀로그래픽 디스플레이의 이러한 장점에도 불구하고, 홀로그래픽 디스플레이의 현재 구현에는 몇 가지 제한 사항이 있다. 제한된 아이박스와 화각, 스펙클 잡음, 제한된 SLM 변조 특성, 느린 CGH 계산 속도 및 낮은 재현 영상 품질이 그 예이다. 다음에서는 각 이슈를 현재의 연구 활동과 함께 살펴본다.

첫 번째 문제는 제한된 아이박스와 화각이다. 기존 AR/VR 디스플레이에서 아이박스와 화각은 광학계에 의해 제한되는 절충 관계에 있다. 홀로그래픽 AR/VR 디스플레이에서 아이박스와 화각의 곱은 SLM의 공간 대역폭 곱(Space-Bandwidth Product, SBP)에 의해 추가로 제한된다 [22]. SBP는

SLM의 정보 용량을 측정한 것으로 SLM의 픽셀 수로 간단히 표시된다. Nx´Ny 개의 픽셀과 p 픽셀 피치를 갖는 SLM의 경우, 파장 l의 빛에 대한 최대 회절 각도 범위는 x 및 y 방향으로 각각 l/p 로 주어진다. 변조 가능한 공간 범위는 Nxp´Nyp 로 주어지므로, 최대 회절 각도 범위와 공간 범위의 곱 lNx´lNy 이 SLM의 요효한 SBP, 혹은 에텐듀를 정의한다.

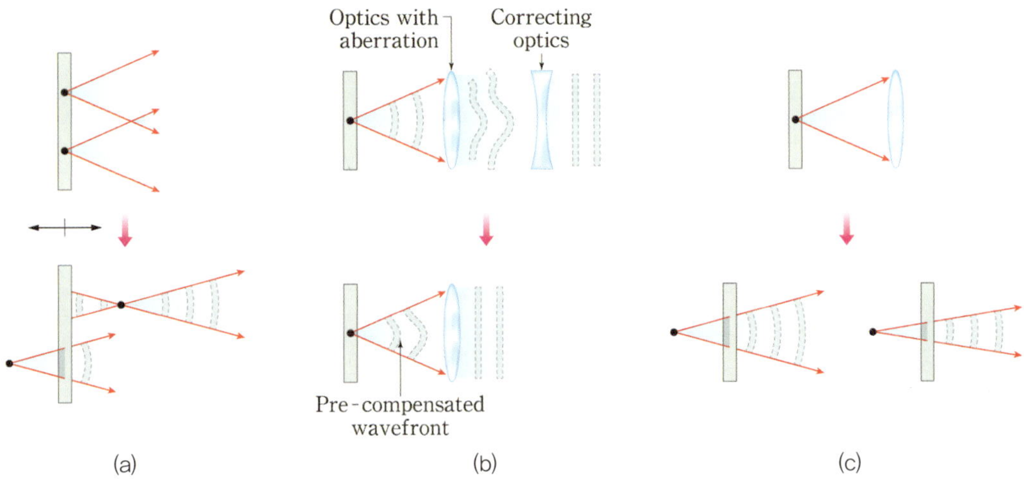

▲ **그림 5-18.** 홀로그래픽 디스플레이의 특징 (a) 3D 영상 표시 [19], (b) 수차 보상 [18], (c) 심도 조절 [21]

SLM의 SBP 한계를 넘어 홀로그래픽 디스플레이의 아이박스와 화각을 증가시키기 위해 다양한 기술이 개발되고 있다. 그림 5-19와 그림 5-20은 몇 가지 예를 보여준다. 그림 5-19에 표시된 기술에서 이 제한은 임의 진폭 또는 위상 마스크를 사용하여 극복된다. 그림 5-19(a) 기술에서는 각 SLM 픽셀 마다 하나의 서브픽셀 조리개를 갖는 랜덤 이진 진폭 마스크가 SLM에 부착된다. 각 픽셀 내부의 서브 픽셀 조리개의 상대 위치는 무작위로 설계되어 고차 노이즈가 규칙적으로 나타나는 것을 방지한다. SLM 픽셀 피치보다 작은 서브 픽셀 조리개는 빛의 회절 범위를 증가시켜 AR/VR 디스플레이의 시야각 또는 아이박스를 향상시킨다. 그러나 SLM의 SBP는 여전히 동일하기 때문에 확장된 시야각 또는 아이박스를 통한 홀로그래픽 영상 재현에는 필연적으로 잡음이 수반된다. 이 기술은 SLM에서 CGH 패턴을 최적화하여 잡음을 최소화함으로써 더 넓은 시야각 또는 아이박스에서 준수한 품질의 홀로그래픽 3D 영상을 제공한다. 그림 5-19(b)는 홀로그래픽 영상의 화각을 증가시키는 유사한 접근 방식을 보여준다. 피치가 SLM 픽셀 피치보다 작은 랜덤 위상 마스크는 더 넓은 각도 범위에 걸쳐 빛을 산란시키는 데 사용되며 이는 최종 재현에서 더 큰 화각을 구현하는데 활용된다. 이 경우에도 랜덤 위상 마스크 사용에 따른 잡음을 최소화하기 위하여 CGH의 최적화가 활용되며, SLM SBP 한계를 넘어 화각을 효과적으로 향상시킬 수 있음을 보여 주었다.

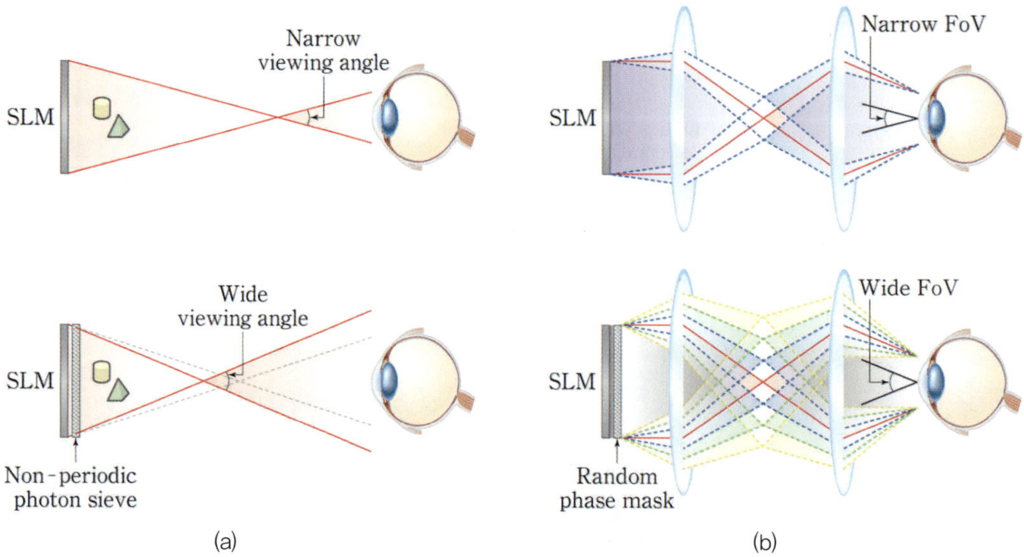

▲ **그림 5-19.** (a) 임의 진폭 마스크를 활용한 시야각 및 아이박스 확장 [23] (b) 임의 위상 마스크를 활용한 화각 향상 [24]

그림 5-20에 도시된 기술들은 다른 접근 방식을 취한다. 그림 5-20(a)에서 SLM에 대한 조명 방향은 MEMS 거울에 의해 동적으로 제어되며 이는 아이박스의 이동으로 이어진다. 이 기술에서는 눈 위치가 감지되면 MEMS 미러를 제어하여 아이박스를 눈 위치로 조정함으로써 넓고 효과적인 동적 아이박스 영역을 통해 홀로그래픽 영상을 제공한다. 그림 5-20(b)의 기술에서는 아이박스를 HOE에 의해 광학적으로 복제한다. 그림 5-20(b)의 HOE는 기본 아이박스를 복제하고 타일링하는 다중화된 오목 거울로서 작동한다. SLM이 홀로그래픽 3D 영상의 재현을 완전히 제어하는 아이박스 영역은 여전히 기본 아이박스 크기에 의해 제한된다. 그러나 복제된 전체 아이박스 영역내의 임의의 위치에서 눈의 위치가 감지되면 해당 위치에서 정확한 홀로그래픽 영상이 표시될 수 있도록 복소 광파를 재현할 수 있다.

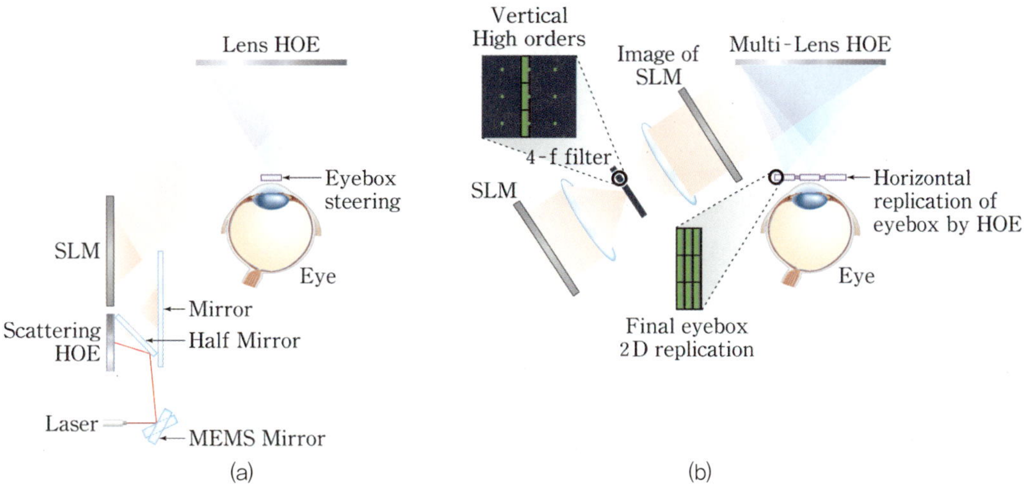

▲ **그림 5-20.** 홀로그래픽 디스플레이의 아이박스 확장 (a) 아이박스 동적 제어 [17], (b) 아이박스 복제 [25]

홀로그래픽 디스플레이의 두 번째 문제는 SLM의 제한된 변조 특성이다. 3D 물체로부터 오는 빛은 진폭과 위상 분포가 모두 있는 복소 광파로 표현된다. 이상적인 SLM은 각 픽셀에서 독립적으로 빛의 진폭과 위상을 변조할 수 있어야 한다. 그러나 현재 사용 가능한 SLM은 진폭이나 위상만을 변조할 수 있으며, 둘을 동시에 독립적으로 변조할 수는 없다. 제한된 SLM의 변조 특성에 의하여 원하는 홀로그래픽 영상뿐만 아니라 DC 및 공액 영상도 함께 생성되어 회절 효율이 감소한다. 이러한 원치 않는 빛들은 원하는 홀로그래픽 3D 영상에 중첩되기도 하여 영상의 품질을 저하시킨다. 홀로그래픽 디스플레이는 이러한 원치 않는 빛을 필터링하기 위해 일반적으로 그림 5-21(a)와 같이 4-f 광학계를 가지고 있다. 4-f 광학계의 푸리에 평면의 조리개는 원하는 빛만 통과시키므로 홀로그래픽 3D 영상을 보다 명확하게 재현할 수 있다. 그러나 이 4-f 필터링 광학계는 시스템을 복잡하게 만들고 전체 시스템 크기를 증가시킨다. 최근 연구에서는 그림 5-21(b)와 같이 체적형 홀로그래픽 격자를 사용하여 원하지 않는 빛을 필터링함으로써 시스템 부피를 줄이기도 한다 [26]. 그러나 필터링 효율성과 임의 필터 설계에 대해서는 추가 연구가 필요하다.

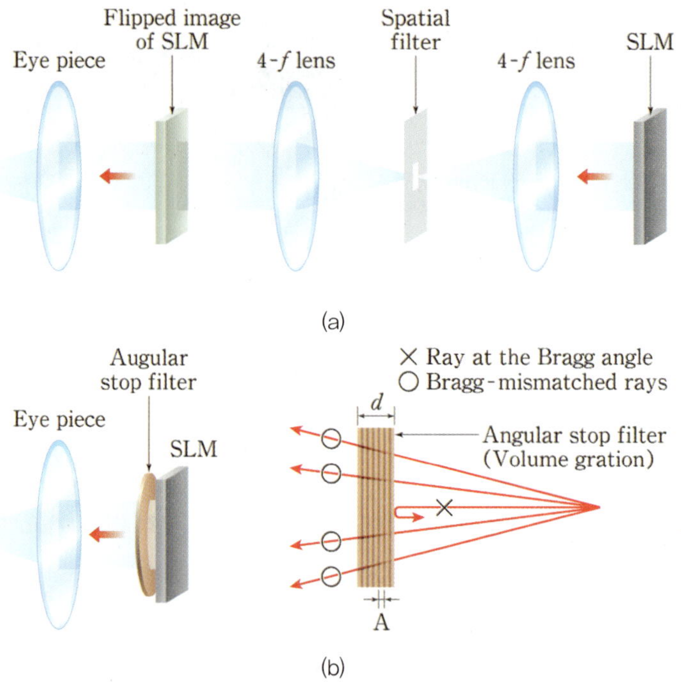

▲ **그림 5-21.** 홀로그래픽 디스플레이의 잡음 제거. (a) 4f 광학계와 공간필터 사용, (b) 체적 격자를 이용한 각도 필터 사용 [26]

홀로그래픽 디스플레이의 또다른 이슈는 스펙클 잡음이다. 스펙클은 가간섭성 결상 시스템에서 관찰되는 빛의 세기 공간 분포의 무작위성 변동이다. 홀로그래픽 디스플레이 역시 레이저 광원을 사용하는 가간섭성 결상 시스템의 일종으로서 스펙클 잡음의 영향을 받는다. 그림 5-22는 스펙클 잡음의 원인을 보여준다. 홀로그래픽 디스플레이에서 3D 영상을 이루는 영상점들의 위상은 일반적으로 임의의 값을 가지도록 설정된다. 홀로그래픽 영상의 관찰하는 사용자의 눈은 눈 광학계의 NA에 의해 정의되는 분해능의 한계를 갖고 있다. 사용자 눈의 최소 분해 가능 영역내의 홀로그래픽 영상점들은 수정체에 의한 결상을 통해 눈의 망막면에서 서로 중첩된다. 이 때, 각 영상점들은 임의의 위상을 가지고 있으므로, 이들이 망막면에서 서로 간섭하여 균일한 밝기의 영상에 대해서도 밝고 어두운 간섭무늬를 만들어 낸다. 임의 위상 조건에서 이러한 간섭 무늬는 일반적으로 쌀알 무늬와 같은 형태로 나타나며 이것을 스펙클 잡음이라고 칭한다.

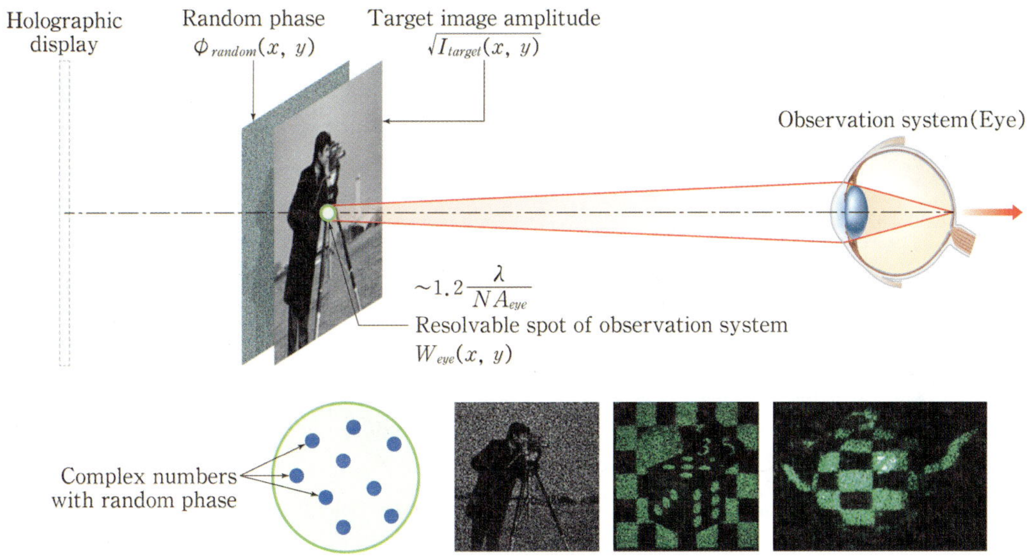

▲ **그림 5-22.** 홀로그래픽 디스플레이의 스페클 잡음

스페클 잡음은 그림 5-23과 같이 홀로그래픽 영상의 심도와도 관련 있다. 홀로그래픽 3D 영상의 공간주파수 대역폭은 3D 물체의 모양과 물체 표면의 위상 분포에 의해 결정된다. 물체의 형태를 결정하는 진폭 분포가 눈에서 관찰되기 때문에 일반적으로 물체 표면의 위상 분포의 선택에 있어서는 유연성이 있다. 표면에 임의의 위상 분포가 할당되면 전체 대역폭이 증가하여 해당 CGH의 유효 NA가 증가한다. 이때 3D 영상은 더 넓은 각도 범위의 빛으로 재현되므로 얕은 심도를 갖는다. 이것은 사용자에게 명확한 초점 정보를 제공하기 때문에 3D 영상으로서는 좋은 특징이다. 그러나 재현 영상 표면의 임의의 위상 분포는 눈 망막면에서 더해지고 간섭되어 스페클 잡음을 유발한다. 반대로 물체 표면에 균일한 위상을 부여하는 경우 전체 대역폭은 물체 형상에 의해서만 주어지며 이는 일반적으로 낮은 값을 가진다. 따라서 해당 CGH의 유효 NA가 작아지고 재현된 3D 영상의 심도는 확장된다. 재현 영상의 3D 초점 정보를 약화되지만, 재현 영상이 균일한 위상 분포를 갖고 있고 이들은 사용자 눈의 망막면에서도 임의의 간섭 패턴을 형성하지 않기 때문에 스페클 잡음은 현저히 감소한다. 따라서 스페클 잡음은 홀로그램 디스플레이에서 영상의 심도와 서로 절충적인 관계에 있다.

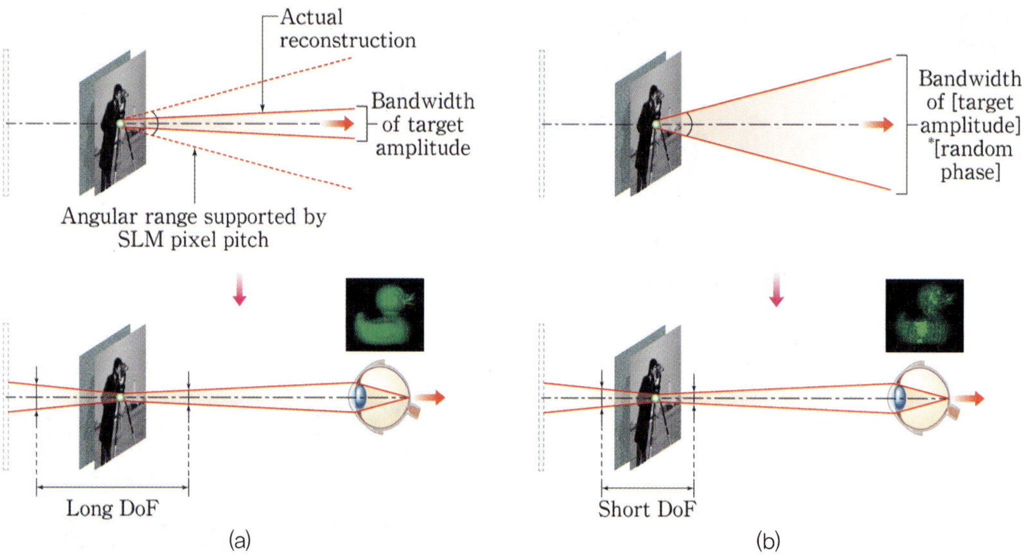

▲ **그림 5-23.** 스페클 잡음과 초점 심도와의 관계. (a) 균일 위상 분포, (b) 임의 위상 분포

홀로그래픽 디스플레이에서 스펙클 잡음을 억제하기 위해 다양한 기술이 개발되었다 [27-33]. 그림 5-24는 몇 가지 대표적인 접근 방식을 보여준다. 가능한 한 가지 접근 방식은 동일한 3D 객체에 대하여 독립적인 스펙클 잡음을 갖는 3D 영상을 매우 많이 만드는 것이다. 생성된 3D 영상들이 한꺼번에 관찰되면, 독립적인 스펙클 잡음들이 평균화(averaging)되어 훨씬 더 부드러운 영상으로 시인된다. 그림 5-24(a)에 도시된 기술에서는 이를 부분 간섭성 광원인 LED를 사용하여 달성한다. LED와 같은 부분 간섭성 광원은 Laser와 같은 보다 가간섭성이 강한 광원에 비하여 넓은 선폭을 가진다. 선폭 내의 각 파장 성분들은 각각 독립적인 스펙클 잡음을 생성하며, 이는 관찰에서 평균화되어 스페클 잡음을 효율적으로 억제한다. 이러한 스펙트럼 평균화 기법은 시간 다중화를 필요로 하지 않는다는 점에서 유리하다. 그러나 각 파장 성분이 생성한 홀로그래픽 3D 영상들은 그 파장에 따라 서로 다른 배율과 위치를 가지므로 이들이 통합된 최종 재현 영상의 선명도가 떨어진다. 따라서 영상의 선명도와 스펙클 잡음 감소 사이에는 트레이드오프 관계가 있다. 그림 5-24(b)에서는 시간 평균을 사용한다. 각 서브프레임에서 동일한 3D 영상을 서로 다른 임의의 위상으로 재현하고 따라서 서로 다른 스페클 잡음을 생성한다. 이러한 스펙클 잡음들은 시분할 구동을 통하여 시간적으로 평균화되고 관찰 영상에서 현저히 억제된다. 이 경우 재현 영상은 스펙트럼 평균화 기법과 달리 선명하게 유지된다. 그러나 많은 수의 시간적 다중화가 필요하다는 것이 단점이다. N개의 서브프레임 시간 다중화를 사용하면 스펙클 명암비가 N의 제곱근만큼만 감소하므로 많은 서브프레임과 빠

른 SLM이 필요하다.

그림 5-24(c)와 (d)에 도시된 기술은 이와는 다른 접근 방식을 취한다. 그림 5-24(c)에서 홀로그래픽 3차원 영상은 공간적 인터리빙을 통해 여러 그룹으로 나누어 순차적으로 제시된다. 각 그룹의 영상점은 눈의 분해능 한계보다 큰 간격으로 분리된다. 눈의 분해능 한계 영역내에 하나의 영상점만 위치하므로 간섭이 없고 스페클 잡음이 억제된다. 그림 5-24(d)의 기술에서는 3D 영상을 각도 방향으로 인터리빙 한다. 각 서브프레임에서는 동일한 3D 영상을 일정 각도 간격으로 이격된 평면 반송파 그룹에 실어 표시한다. 이때 이격된 각도 간격은 디스플레이를 관측하는 사용자 동공의 각크기보다 크게 설정한다. 서브프레임 평면 반송파 그룹들은 서로 인터리브된 각도 분포를 갖도록 한다. 각 서브프레임에서 관찰된 영상은 표면에 규칙적인 선형 위상 분포를 가지므로 스펙클 잡음이 억제된다. 시간 다중화에 의해 인터리브된 평면 반송파는 SLM의 전체 회절 범위를 스캔하여 얕은 심도의 3D 영상을 제공한다. 그림 5-24(c)와 (d)의 인터리빙 기법도 그림 5-24(b) 의 시간적 평균화와 같이 시간 다중화를 필요로 하지만 필요한 서브프레임 수가 훨씬 적다는 장점을 가진다.

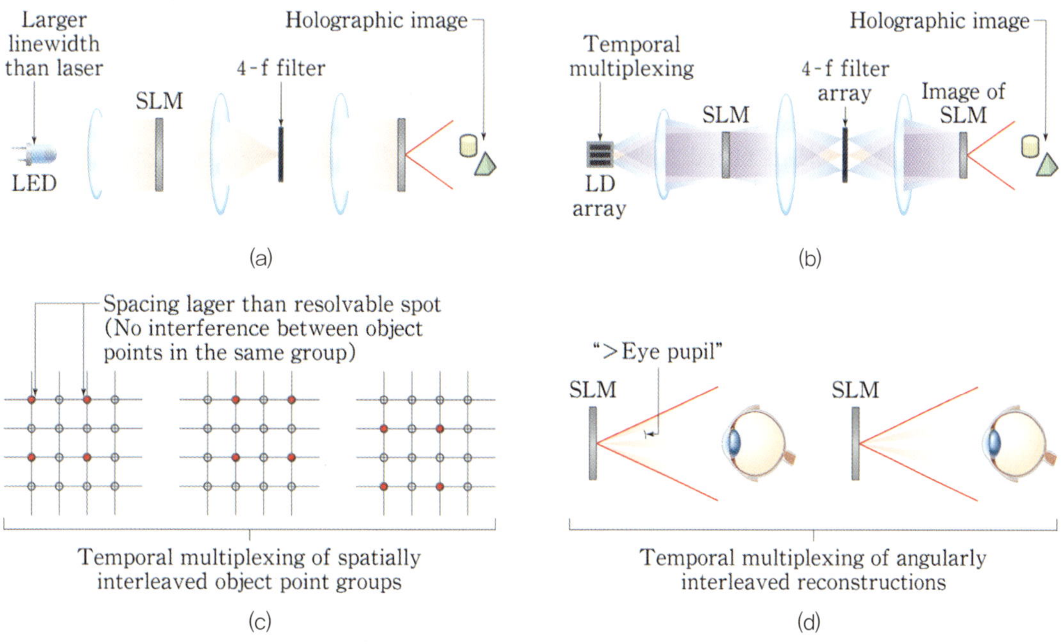

▲ **그림 5-24.** 스펙클 저감 기법의 예 (a) 스펙트럼 평균화 [27], (b) 시간적 평균화 [28], (c) 공간적 인터리빙 [29], (d) 각도별 인터리빙 [30]

마지막으로 느린 CGH 합성 속도와 낮은 영상 품질도 홀로그래픽 디스플레이의 제한 요소 중 하나이다. 단순한 구현에서 각 영상점에 해당하는 CGH 패턴은 전체 SLM 영역에 대해 계산되어야 하므로, 전체 3D 영상에 대해 CGH를 합성하는 것은 매우 많은 계산량을 필요로 하고 처리 속도도 느리다. 또, SLM SBP의 현재 한계와 제한된 변조 특성은 홀로그래픽 디스플레이가 재현하는 3D 영상의 품질을 일반적인 2D 디스플레이가 표시하는 고품질 영상에 비해 현저히 저하시킨다.

최근에는 이러한 문제를 해결하기 위해 딥 러닝 기반 접근 방식이 연구되고 있다. 딥 러닝 기반 CGH는 물리적 파동 전파 계산을 완화하여 계산 속도를 크게 향상시킨다 [34]. SLM의 비-이상적인 속성들과 그에 수반되는 잡음들도 네트워크의 훈련 단계에서 고려될 수 있어 재현되는 홀로그래픽 영상의 품질을 크게 향상시키는데도 기여한다 [35]. 최근에는 1080p 해상도의 60Hz 실시간 풀컬러 고품질 CGH의 생성이 시연되기도 하였다 [36].

5.2 포비티드(Foveated) 디스플레이

AR/VR 디스플레이에는 큰 화각과 높은 각해상도가 요구된다. 이상적인 화각은 눈의 전체 시야를 채우는 것이며 각해상도는 눈의 분해능을 충족해야 한다. 이러한 화각 및 각해상도 요구 조건을 동시에 충족하는 디스플레이 패널 해상도는 일반적으로 사용 가능한 디스플레이 패널의 해상도보다 훨씬 높기 때문에 이러한 이상적인 AR/VR 디스플레이를 구현하는 것은 어려운 일이다. 그림 5-25은 주어진 패널 해상도로 60ppd 각해상도에서 달성 가능한 화각을 간단히 계산한 것을 보여준다. 8K 해상도 패널을 사용하더라도 최대 달성 가능 화각은 130도 정도이며, 이는 특히 VR 디스플레이에 대해서는 충분하지 않은 값이다.

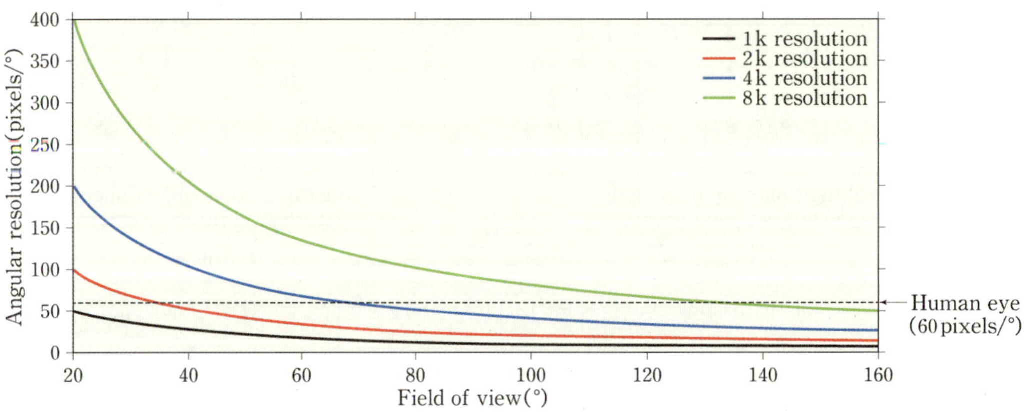

▲ 그림 5-25. 패널 해상도에 따른 구현 가능 화각과 각해상도

초고해상도 패널을 사용하면 처리 시간에 또 다른 문제가 발생할 수 있다. 초고해상도 패널은 그와 동일하게 높은 해상도의 영상 콘텐츠를 필요로 하므로, 그에 비례하여 영상 렌더링 시간이 늘어난다. AR/VR 디스플레이에서 사용자의 움직임 감지, 영상 렌더링, 영상 전송 및 디스플레이 구동을 포함한 전체 처리 시간은 사용자 움직임에 대한 영상의 지연 시간 혹은 MPT(motion-to-photon time)으로 정의되며 AR/VR 응용에 있어 매우 중요한 성능 파라미터 중 하나이다. AR/VR 디스플레이에서 시각-전정 불일치(Visual-Vestibular Conflict)를 억제하기 위해 지연 시간 또는 MPT를 최소화해야 하는 것으로 알려져 있다. 초고해상도 렌더링은 지연 시간을 증가시켜 시각-전정 불일치로 인한 불편한 경험을 유발할 수 있다.

포비티드 디스플레이는 이 문제의 해결 방법으로서 제시되었다 [37, 38]. 포비티드 디스플레이는 전체 화각을 고해상도로 채우는 대신 사용자가 응시하는 영역 주변에만 영상을 고해상도로 표시한다. 나머지 주변 시야 영역에는 영상을 저해상도로 표시하여, 전체 픽셀 수를 저감한다는 것이 핵심 아이디어이다. 이러한 포비티드 디스플레이의 원리는 눈 망막 광수용체의 불균일한 분포를 기반으로 한다. 그림 5-26에서 볼 수 있듯이, 주간 시각과 관련된 대부분의 원추세포는 중심와 주변에 집중되어 있어 그 영역에서만 높은 광학적 해상도를 제공한다. 포비티드 디스플레이는 주변 시야 영역에서 영상을 낮은 해상도로 표시하지만 해당 주변 영역의 원추세포 밀도가 낮아 이러한 화질 저하가 감지되지 않는다. 이러한 방식을 활용하여 넓은 화각과 높은 인지 해상도를 유지하면서도 필요한 총 픽셀의 개수를 저감할 수 있다.

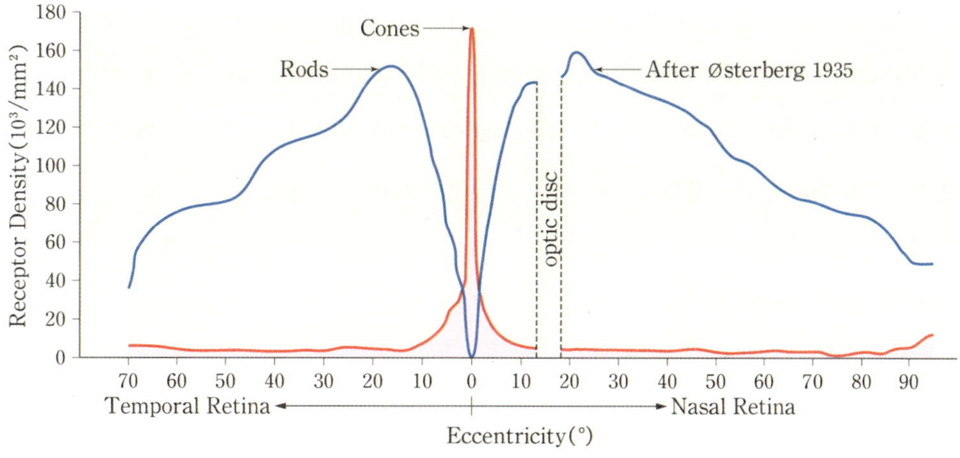

▲ **그림 5-26.** 망막면에서의 원추세포와 간상세포 분포

포비티드 디스플레이는 두 가지 접근 방식으로 나눌 수 있다. 하나는 포비티드 렌더링만을 하는 것이다. 이 경우, 디스플레이 패널은 전체 화각에 걸쳐 높고 균일한 해상도를 가지고 있어 디스플레이 하드웨어 해상도 측면의 이득은 없으나, 영상 콘텐츠는 균일하지 않은 해상도로 렌더링되므로 렌더링 시간과 관련 시스템 지연 시간이 줄어드는 이점이 있다. 다른 접근 방식은 중심와 및 주변 영역에 물리적으로 다른 픽셀 피치를 제공하는 광학 시스템을 구축하는 것이다. 이를 위해 가장 기본적인 구성에서는 2개의 서브 디스플레이 시스템이 사용된다. 하나는 저해상도 및 큰 화각을 위한 것이고 다른 하나는 고해상도 및 작은 화각을 위한 것이며, 이들을 결합하여 포비티드 영상을 표시한다. 이 접근 방식에서도 영상 콘텐츠는 포비티드 렌더링을 통해 준비된다.

포비티드 렌더링만을 하는 접근 방식은 시선 추적 시스템의 추가를 제외하고 광학 하드웨어의 수정을 필요로 하지 않는다. 이러한 비교적 쉬운 구현 난이도에 기반하여 포비티드 렌더링이 활발히 연구되고 있으며 AR/VR 디스플레이에도 적용되고 있다. 두 번째 접근 방식, 즉 중심와 및 주변 시야에 대해 물리적으로 다른 각분해능을 갖는 광학 시스템은 구현하는 것은 이보다 훨씬 더 어렵다. 두 개의 디스플레이 시스템이 필요하므로 시스템 부피가 증가하며, 감지된 시선 방향에 따라 중심와 디스플레이 영역을 동적으로 움직이는 것도 구현하기 쉽지 않다. 이러한 어려움에도 불구하고 이 분야에 최근 여러 연구가 수행되고 있다. 그림 5-27은 두 가지 예를 보여준다. 그림 5-27(a)에서 단일 디스플레이 패널은 LC 기반 기하 위상 렌즈에 의해 결상된다. 기하 위상 렌즈의 편광 의존적 굴절능은 편광에 따라 서로 다른 배율로 영상을 결상하는 것을 가능하게 한다. 이러한 구조에서 시간-편광 다중화를 통해 중심와 부분은 작은 배율로, 주변시야 부분을 높은 배율로 표시함으로써 포비티드 디스플레이를 구현할 수 있다. 이 시스템은 단일 디스플레이 패널로만 구성되어 포비티드 디스플레이의 시스템 부피 요구 사항을 크게 줄인다. 그림 5-27(b)에서는 두 개의 디스플레이 시스템(맥스웰리안 디스플레이, 웨이브가이드 디스플레이)이 사용된다. 맥스웰리안 디스플레이 구성에 속해 있는 프로젝터는 반사형 HOE 커플러를 통해 주변 시야 영상을 넓은 화각으로 표시하고, 마이크로 OLED는 웨이브가이드 구조를 통해 중심와 영상을 제공한다. 실제 동작에서 HOE 결합기와 OLED 디스플레이는 기계적으로 그 위치가 제어되며, 주변 디스플레이의 전체 화각내에서 중심와 디스플레이 영역을 동적으로 조향한다.

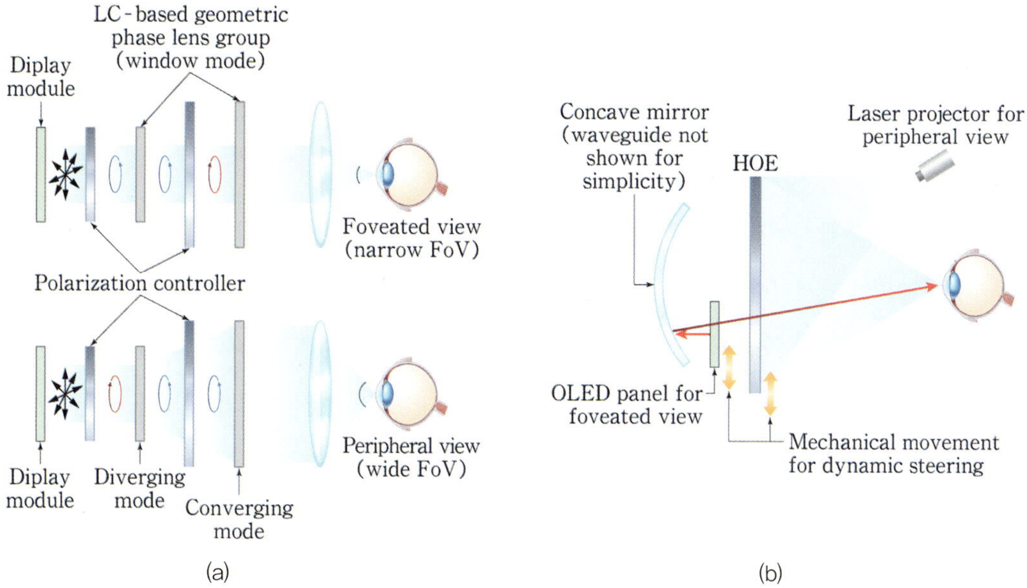

▲ **그림 5-27.** 포비티드 디스플레이 예 (a) 편광 다중화된 하나의 디스플레이 패널 이용 [39], (b) 중심 시야 영역의 동적 제어 [40]

포비티드 디스플레이 기술은 최근 홀로그래픽 디스플레이에도 적용되고 있다 [41-44]. 홀로그래픽 디스플레이는 VAC 문제를 해결하는 연속 깊이 3D 영상을 제공하지만 제한된 화각으로 인한 제한점을 갖는다. 홀로그래픽 디스플레이와 일반적인 주변 시야 디스플레이를 결합하면, 일반적인 2D 영상으로 넓은 화각을 확보하면서, 중심와 시야에는 고해상도 홀로그래픽 3D 영상을 표시할 수 있다. VAC는 중심 시각 (foveal vision)에서만 중요하므로 이 홀로그래픽 포비티드 디스플레이 접근 방식은 잠재적으로 매력적인 해결책이 될 수 있다. 홀로그래픽 중심과 디스플레이 영역의 동적 조향은 SLM을 안구 회전 중심에 결상하거나 [41] MEMS 거울과 LC 편향기를 제어하여 구현하는 방식 [42]등이 제안되고 있다. 이러한 홀로그래픽 포비티드 디스플레이 기술은 아직 완전히 개발되지 않았지만 잠재적인 이점은 여전히 매력적이다.

5.3 실사 객체 폐색

AR 디스플레이는 사용자 전방의 현실 세계와 함께 디스플레이가 표시한 디지털 영상을 표시한다. Optical-See-Through AR 디스플레이에서는 디스플레이 패널에 의해 표시되는 가상 디지털 영상과 실제 물체로부터의 빛이 광학 결합기에 의해 결합되어 사용자에게 혼합된 장면을 제공한다. 다양한 구성의 광학 결합기들이 개발되어 왔지만, 현재 개발되고 있는 대부분의 광학 결합기들은 실제 물체에서 오는 빛에 디지털 영상의 빛을 단순히 추가하는 기능만을 가지고 있으며, 이들 간의 다른 상호 작용을 가능하게 하는 기능은 없다. 결과적으로 관찰된 가상 디지털 영상은 항상 반투명한 물체로 표현되며 그 뒤에 있는 실제 물체를 가리지 못한다.

현실 세계에서 객체 사이의 가려짐, 즉 폐색은 그림 5-28에서 보는 바와 같이 객체간의 깊이 순서를 알려주는 강력한 단서이다. 가려진 객체는 항상 가리는 객체보다 더 멀리 있다. AR 디스플레이에서 실제 물체와 디지털 영상 사이의 상호 폐색은 혼합 장면의 현실성을 향상시킨다. 실제 객체에 의한 디지털 영상의 폐색은 실제 객체의 거리와 형태를 감지하고 가려진 디지털 객체를 적절히 렌더링함으로써 수행될 수 있다. 그러나 디지털 영상에 의한 실제 물체의 폐색은 오직 빛의 결합 기능만을 수행하는 현재 광결합기의 한계로 인하여 구현하는 것이 쉽지 않다.

(a) (b)

▲ **그림 5-28.** 상호 폐색에 의한 물체간 깊이 순서 인지 (a) 폐색이 없을 경우, (b) 폐색이 구현된 경우

그림 5-29에서와 같이 실제 물체의 폐색은 디지털 영상의 시인성을 위해서도 매우 중요하다. Optical-See-Through AR 디스플레이에서 영상은 항상 실제 환경에 중첩되어 표시된다. 높은 시인성을 확보하기 위하여 표시되는 가상 영상은 실제 환경 대비 충분히 높은 밝기를 가져야 한다. 실내 사용 또는 실외 야간 시간 사용에는 이러한 조건이 달성될 수 있다. 그러나 낮에 실외에서 AR 디스플레이를 사용하려면 중첩된 실외 환경의 밝기를 이기기 위하여 훨씬 더 높은 영상 밝기가 필요하다. 디스플레이 패널 최대 휘도의 물리적 제한, AR 광결합기의 일반적으로 낮은 광효율, 고휘도 영상 표시를 위하여 증가될 전력 소비등을 고려할 때, 밝은 환경에서 시인성을 확보하기 위하여 단순히 디스플레이 패널의 휘도를 향상하는 접근 방식은 실현 가능성이 높지 않다. 반면 표시된 가상 영

상에 의한 실제 물체의 폐색은 이 문제를 간단히 해결한다. 겹치는 실제 배경 물체를 마스킹함으로써 디지털 영상의 밝기를 높이지 않고도 영상의 시인성을 훨씬 향상시킬 수 있다.

(a) (b)

▲ **그림 5-29.** 반투명 가상 디지털 영상의 시인성 (a) 어두운 환경, (b) 밝은 환경

그림 5-30은 실사 객체 폐색 가능 AR 디스플레이의 몇 가지 예를 보여준다. 그림 5-30(a)에 표시된 접근 방식에서는 실사 객체를 가리기 위한 마스크가 별도의 결상 광학계 없이 눈 앞에 바로 배치된다. 구성은 단순하지만 마스크가 눈의 명시 거리 안에 위치하므로 마스크 패턴이 흐릿하게 관찰되며, 따라서 실제 객체들이 선명한 패턴으로 가려지지 않아 그 성능이 제한된다. 그림 5-30(b)에 표시된 다른 접근 방식에서는 결상 광학 장치가 마스크에 사용된다. 사용자 전방 실제 물체로부터의 빛은 일련의 렌즈를 거쳐 마스크 역할을 하는 LCoS 패널에 결상된다. 마스킹 적용된 물체 빛은 별도의 디스플레이 패널 OLED에 의해 표시되는 디지털 가상 영상과 결합되어 최종적으로 눈에 표시된다. 마스크 LCoS와 디스플레이 패널 OLED는 동일한 광학 거리에 설치되어 마스크와 허상 사이의 광학적 정합이 가능하다. 이 방법에서는 실제 물체로부터의 빛이 마스크 LCoS에 결상된 후 마스킹되므로 선명한 마스크 패턴으로 실제 물체를 가릴 수 있으며, 좋은 영상 품질을 제공한다. 그러나 두 개의 패널이 필요하고 이들 각각이 별도의 결상 광학계를 가져야 하므로 시스템의 부피가 커지는 단점을 가진다. 또, 실제 물체 마스크 패널과 가상 영상 표시 패널 간의 정확한 픽셀 정렬도 기술적으로 쉽지 않다. 이 문제는 그림 5-30(c)에 표시된 접근 방식에서 부분적으로 완화될 수 있다. 이 기술에서는 실제 장면 마스킹과 가상 영상 표시 모두에 단일 DMD 패널이 담당한다. DMD 패널을 구성하는 개별 픽셀은 on-off 두 가지로 기울어짐 각도를 조절할 수 있는 이진 거울이다. 그림 5-30(c)와 같이 DMD 픽셀 거울의 기울어짐 각도를 고려하여 실제 물체 빛의 투사 방향과 디지털 영상의 광원 조명 방향을 구성함으로써 단일 DMD로 실제 물체의 마스킹과 디지털 영상의

표시를 동시에 구현할 수 있다. 또, 마스킹 및 표시 모드를 시간 다중화하면 마스킹 패턴과 디스플레이 패턴의 독립적인 제어도 가능하다. 이와 같은 방식은 단일 디스플레이 패널 DMD만 사용하므로 시스템 부피가 줄며, 마스크와 가상 영상 간의 정확한 픽셀 정렬도 자연스럽게 이루어진다는 장점도 지닌다.

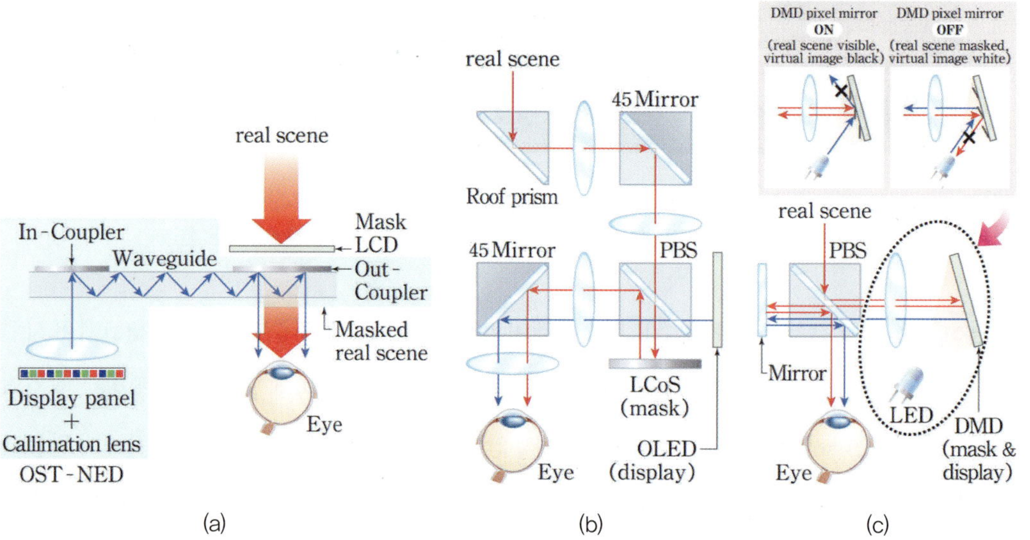

▲ **그림 5-30.** 실사 객체 폐색 가능 AR 디스플레이의 예. (a) 눈 앞에 마스크 패널을 사용 [45], (b) 마스크와 디스플레이를 위한 두 개의 패널 사용 [46], (b) 하나의 패널로 마스크와 디스플레이 구현 [47]

그림 5-30과 같은 몇 가지 접근 방식이 제안되었지만 현재 구현은 실제 사용에 요구되는 기술 수준과는 아직 거리가 멀다. 현재 접근 방식들은 대부분 마스크 패널에 현실 세계를 결상하고 가상 영상 거리로 마스킹된 실제 물체를 다시 결상하는 구성을 사용하는데 이는 전체 시스템을 복잡하고 크게 만들어 사회적으로 용인 가능할 정도의 컴팩트한 AR 디스플레이를 구현하는데 큰 장애로 작용한다. 그러나 실사 객체 폐색 가능 AR 디스플레이의 이점과 필요성은 여전히 분명하며 가까운 장래에 추가 연구 개발이 예상된다.

5.4 시스템 간소화를 위한 메타 표면 활용

메타 표면(meta surface)에서의 '메타(meta)'는 '초월한', '기존을 뛰어넘는'의 뜻을 가지며, 빛의 진폭, 위상, 편광, 파장 등 다양한 특성을 조절할 수 있는 새로운 광학 소자로써 각광받고 있다. 메타 표면은 인공적인 구조의 원자인 메타 원자(meta atom)로 구성된 메타 물질(meta material)의 일종으로 2차원 표면 구조를 가지는 메타 물질을 총칭한다.

메타 물질은 자연상에 존재하지 않는 독특한 물질적 특성을 갖는다. 일반적으로 물질의 특성은 물질을 구성하는 원자와 서로 다른 화학 결합, 결정 구조들에 의해 정의되고, 전기적, 자기적 특성으로 분류할 수 있다. 따라서 각 특성은 유전율(electric permittivity) 'ε'과 투자율(magnetic permeability) 'μ'로 분류된다.

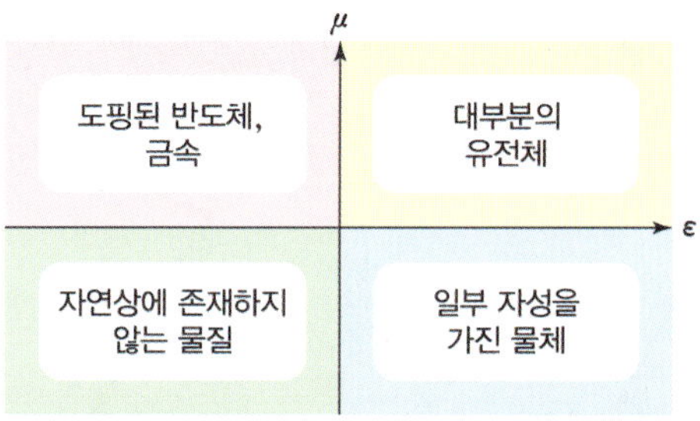

▲ **그림 5-31.** 전기적, 자기적 특성에 따른 물질 분류

그림 5-31은 전기적, 자기적 특성에 따라 물질을 분류한 것으로, 이 중에서 3사분면에 해당하는, 유전율과 투자율이 모두 음수의 값을 가지는 물질은 자연상에 존재하지 않는다. 메타 물질은 3사분면에 해당하는 물질로서 자연에는 존재하지 않았던 독특한 전기적, 자기적 특성을 가지도록 인공적으로 제작된 물질이기 때문에 기존에는 볼 수 없었던 새로운 특성들을 획득할 수 있다. 그 중 가장 특징적인 것은 음의 굴절률이다. 굴절률은 유전율과 투자율과 밀접한 관계를 가지는데, 그 관계는 다음 식에 나타나 있다.

$$n^2 = \varepsilon\mu \tag{5.1}$$

유전율과 투자율이 모두 음수인 메타 물질의 경우 굴절률은 위의 식 (5.1)에서 $n = -\sqrt{|\varepsilon\mu|}$ 으로 도출되며, 이는 해당 매질이 음의 굴절률을 갖게 됨을 의미한다. 양의 굴절률을 가진 물질과 다르게, 파동의 진행방향과 에너지의 진행방향이 일치하지 않게 되고, 음의 굴절률을 가지는 메타 물질로

빛이 입사할 경우, 빛이 과거의 경향을 띄게 되는 특성을 갖는다. 이외에도 메타 물질은 다양한 특성을 가질 수 있는데, 0의 굴절률이나 매우 큰 굴절률을 인공적인 원자의 구조 및 배열을 통해 획득할 수 있고, 이를 이용하여 빛의 경로를 왜곡시켜 물체에 빛이 닿지 않도록 함으로써 투명 망토 등의 구현도 가능해진다.

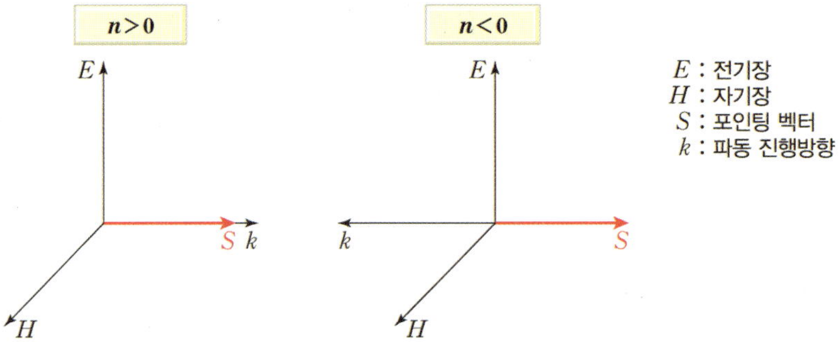

▲ **그림 5-32.** 양의 굴절률을 갖는 물질과 음의 굴절률을 갖는 물질에서의 빛의 특성

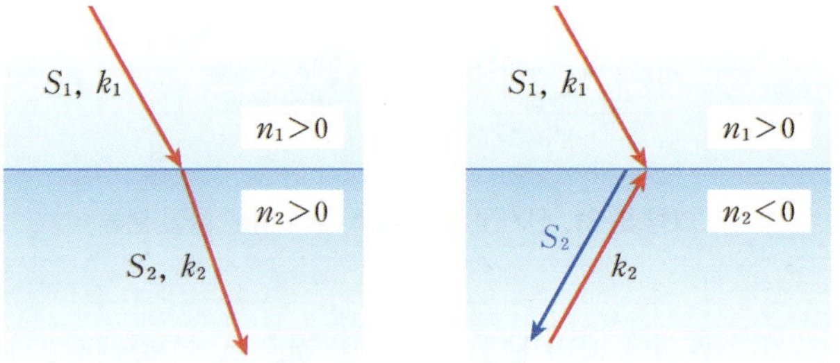

▲ **그림 5-33.** 음의 굴절률을 갖는 물질에서의 빛의 투과 특성

메타 물질을 구현하기 위해서, 메타 물질을 구성하는 메타 원자의 크기는 목적하는 빛의 파장보다 훨씬 작은 크기를 가져야 한다. 빛의 입장에서 원자의 크기가 작으면 구성된 원자 자체의 특성이 아니라 원자 구조들의 배열과 모양에 따라 다양한 반응들이 유도되고, 이를 이용하여 빛의 다양한 파라미터들을 조정할 수 있다.

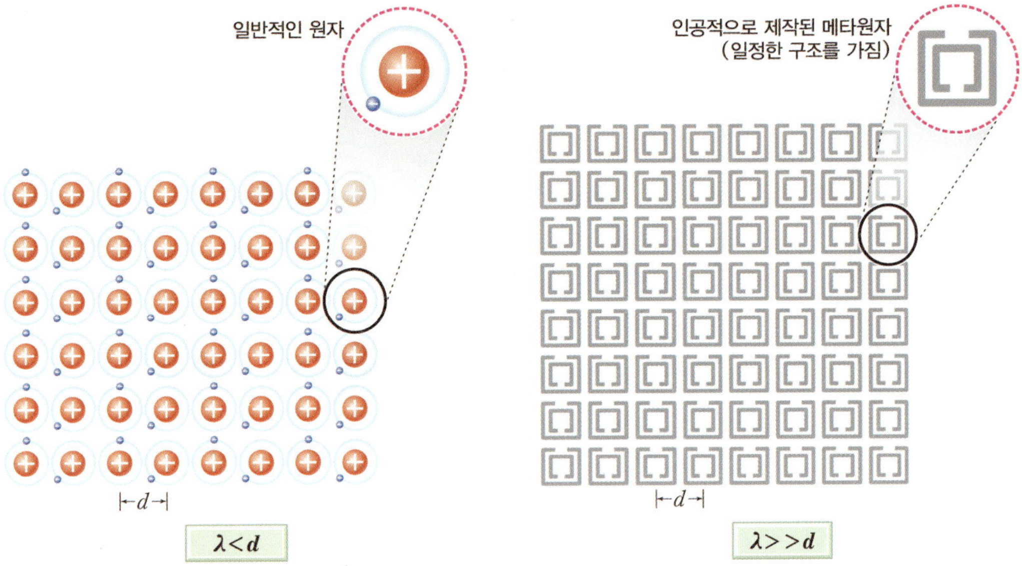

▲ **그림 5-34.** 일반적인 물질과 메타 물질

메타 물질의 연구 분야는 매우 광범위하지만, 본 절에서는 AR, VR 기기에서 주로 사용될 메타 표면에 대해서만 소개하기로 한다. 메타표면은 입사하는 빛의 편광, 파장 등에 따라 빛을 서로 다르게 변조시킬 수 있어 기존 AR, VR 디스플레이의 여러 병목을 해소할 수 있는 차세대 광학 소자로써 큰 주목을 받고 있다 [48-50]. 또한 메타 표면은 3차원 메타 물질에 비해 간편하게 공정가능하고, 제작 비용이 적으며, 얇은 두께를 가지기 때문에 AR, VR과 같은 디스플레이의 폼팩터 개선에 크게 기여할 수 있다. 메타표면의 예시로는 메타 원자들의 구조를 적절히 조정하여 진폭과 위상을 모두 변조하는 메타 홀로그램, 미세한 크기의 구조에 따라 나타나는 구조색을 구현하는 메타표면, 입사파의 파장을 변화시키는 비선형 메타표면, 회절 한계에 의한 정보 손실을 극복(소멸파를 진행파로 변환)하는 메타렌즈 등이 있다.

메타 표면의 메타 원자들을 구성하는 방법은 대표적으로 세 가지로 나뉜다. 첫 번째는 전자기파가 금속 나노 구조와 만나 발생하는 플라즈모닉 공명(plasmonic resonance)을 이용한 방식으로, 일례로, 두 개의 나노 막대를 V-형태로 만들어 메타표면에 입사한 빛을 대칭 공명 모드와 비대칭 공명 모드에 대응되도록 하는 방법이 있다. 임의의 편광을 가지는 입사 전자기파는 대칭 모드와 비대칭 모드에 대응하는 두 선형 편광 성분으로 나눌 수 있다. 두 성분에 의해 메타 원자가 공명하여 결과적으로 두 개의 공명 모드를 가지게 되고, 두 모드의 중첩이 메타 원자로 인해 빛이 산란되어 변조되는 특성을 결정하게 된다. 이때, 두 나노 막대의 길이 및 각도를 메타 표면의 위치에 따라 적절히 조절하여 공명되는 편광 각을 조정함으로써 원하는 위상 변조를 만들어낼 수 있다.

▲ **그림 5-35.** V-형태 메타 원자

이 방법을 사용하면 위상을 $0 \sim 2\pi$ 까지 전체 영역에 대해 변조할 수 있으나, 물질이 공명하는 파장에서만 사용 가능하고, 다른 파장의 빛이 입사하였을 때, 재생되는 홀로그래픽 영상에 추가적인 위상 잡음(phase noise)이 발생하는 단점이 존재한다.

두 번째로는 PB(Pancharatnam-Berry) phase를 이용한 메타 원자 구성 방법이 있다. PB phase는 geometric phase 라고도 불리는데, 그 이유는 비등방성 나노 막대의 회전 정도에 따라서 위상을 변조시킬 수 있기 때문이다. PB phase를 이용한 메타 물질은 오직 나노 막대의 회전 정도에만 위상이 변화하기 때문에 넓은 파장 대역에서 적용이 가능하고, 전체 영역에 대해 위상 변조가 가능한 장점이 있다. 플라즈모닉 공명 방식과는 달리 PB phase를 이용한 메타 원자는 원형 편광 성분을 기저로 사용하여 위상을 변조한다. 예를 들어 PB Phase로 구성된 메타 표면에 좌원 편광된 빛이 입사하였을 때와 우원 편광된 빛이 입사하였을 때 빛의 위상은 서로 다르게 변조된다.

마지막으로 나노 크기 등방성 물질의 실효 굴절률(effective refractive index) 조정을 이용한 방법이 있다. 이 방법은 실린더 형태의 등방성 물질을 만들고, 실린더의 지름과 높이를 조정하여 실효 굴절률을 조정함으로써 미소적인 범위에서의 투과하는 빛의 위상을 변조한다.

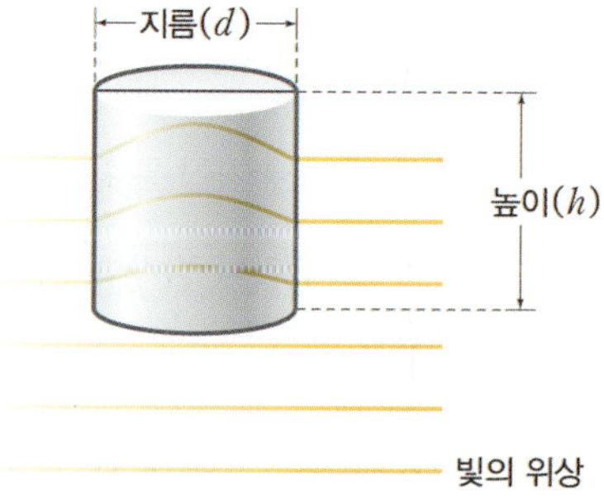

▲ **그림 5-36.** 등방성 나노 실린더 형태 나노 원자

해당 방식은 다른 방식과 마찬가지로 $0\sim2\pi$의 전체 범위의 위상 변조가 가능하며, 앞선 방식들과는 달리 등방성 물질을 사용하였기 때문에 입사하는 빛의 편광에 관계없이 위상 변조가 가능하다. 실린더의 형태가 Fabry-Perot 공진기와 유사한 형태이기 때문에, 높이에 따라 공진 되는 파장이 결정되고, 공진 파장의 빛은 원하는 위상 변조가 불가능한 단점이 있지만, 해당 파장을 피한다면 넓은 범위의 파장 대역에 대해서 위상 변조가 가능하다.

이와 같은 방식들을 이용한 메타 표면을 적용하여 AR/VR 기기의 기능 향상에 도움을 줄 수 있다. 첫 번째 예로 PB phase 메타 표면을 이용하여 컴팩트 하면서 넓은 화각을 갖는 AR 기기를 실현한 연구가 최근에 보고되었다 [51]. 기본적으로 눈과 컴바이너 사이에 볼록렌즈를 배치하면 넓은 화각을 가질 수 있지만, 현실 세계도 렌즈에 의해 왜곡되고, 전체적인 AR 디스플레이의 크기도 커지게 된다. 이 연구에서는 이러한 문제들을 개선하기 위해 원형 편광에 따라 다르게 반응하는 PB phase 메타 렌즈를 개발하여 현실 세계 왜곡을 없애고, 컴팩트한 사이즈를 가지며, 디스플레이 영상의 화각을 넓힌 AR 기기를 구현하였다. 자세한 메타 렌즈의 기능은 다음 그림과 같다.

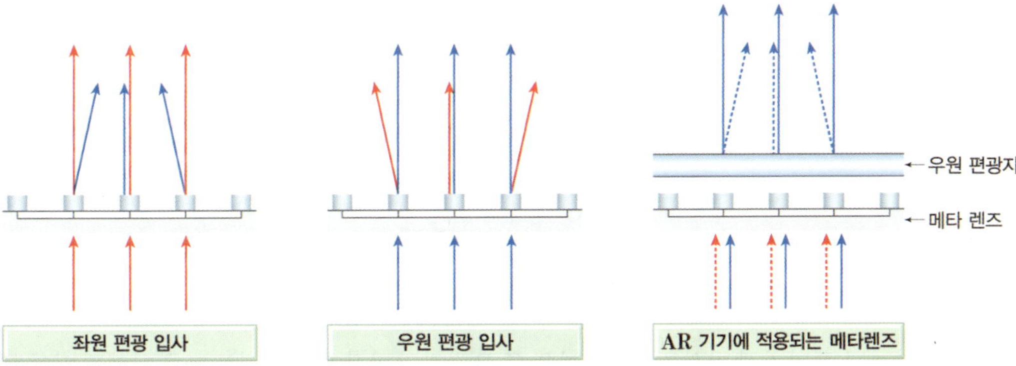

▲ **그림 5-37.** 설계된 메타 렌즈의 편광에 따른 기능

이 메타 렌즈를 빛이 투과하면 입사한 빛의 편광에 관계없이 좌원, 우원 편광된 빛이 출력된다. 이 때, 좌원 편광된 빛이 입사한 경우 출력되는 우원 편광된 빛은 볼록 렌즈와 같이 수렴하게 되고, 우원 편광된 빛이 입사한 경우 출력되는 우원 편광된 빛은 입사한 빛의 경로와 같은 경로를 갖는다. 따라서 우원 편광자를 메타 렌즈 뒤에 배치하게 되면, 입사하는 편광에 따라 빛이 모이도록 변조하거나, 변조되지 않고 투과하게 만들 수 있다.

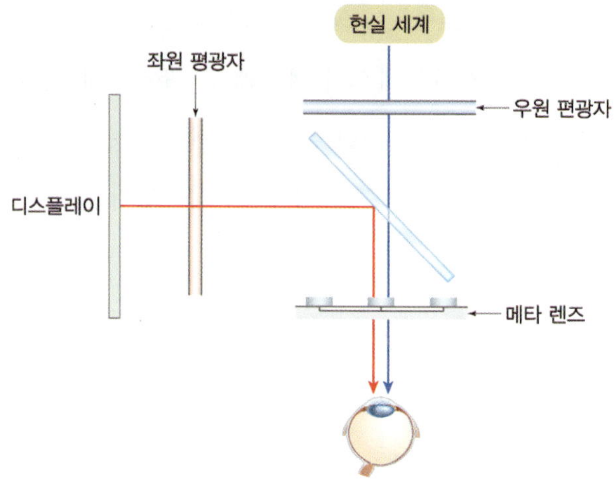

▲ **그림 5-38.** 설계된 메타 렌즈를 적용한 AR 디스플레이 개요도

그림 5-38은 설계된 메타 렌즈를 적용시킨 NED의 개략도로, 디스플레이에서 나온 영상의 경우 좌원편광 되어 메타렌즈를 통과하고, 현실 정보의 경우 우원편광되어 메타렌즈를 통과하여 디스플레이에서 나온 영상만이 볼록 렌즈를 통과한 것과 같은 효과를 주게 된다.

또 다른 예로서 AR 디스플레이에 주로 사용되는 시준 광학계를 여러 겹의 메타 표면으로 대체하여 광학엔진의 크기를 크게 줄인 연구가 최근 발표되었다 [52]. 웨이브가이드 기반 AR 디스플레이에서 시준 광학계는 디스플레이에서 나온 빛을 시준시켜 인커플러에 입사시키는 역할을 수행하는데, 시준 광학계의 큰 크기는 AR 디스플레이 경량화의 큰 걸림돌 중 하나이다. 이 연구에서는 시준 광학계를 메타 표면으로 대체하여 매우 작은 형태의 광학 엔진을 구성함으로써 AR 디스플레이를 경량화 시켰다. 넓은 파장대역을 모두 하나의 메타 렌즈로 커버한 이전 방식과는 달리, 플라즈모닉 공명에 기반한 메타 표면 제작 방식을 사용하여 R, G, B 각각의 파장에 맞게 서로 다른 메타 표면이 사용되었다. 즉 파장에 따라 메타 원자들의 격자 상수(lattice constants)와 두께를 다르게 하여 알맞은 파장에서 공명되어 빛이 출력 될 수 있게 구성하였고, R, G, B의 색을 갖는 세 영상에 대해 여러 겹의 메타 렌즈를 사용해 단색 수차를 보정하였다.

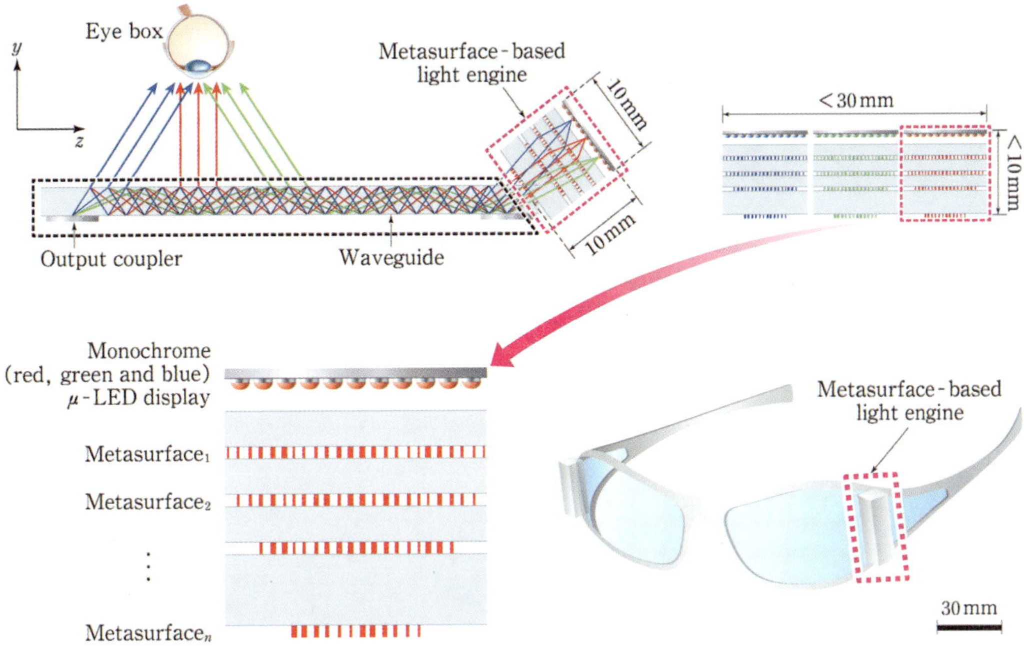

▲ **그림 5-39.** 메타 표면에 기반한 light engine과 적용된 AR 기기의 전제적인 개요도